독자의 1초를
아껴주는 정성을
만나보세요!

세상이 아무리 바쁘게 돌아가더라도 책까지 아무렇게나 빨리 만들 수는 없습니다.

인스턴트 식품 같은 책보다 오래 익힌 술이나 장맛이 밴 책을 만들고 싶습니다.

땀 흘리며 일하는 당신을 위해 한 권 한 권 마음을 다해 만들겠습니다.

마지막 페이지에서 만날 새로운 당신을 위해 더 나은 길을 준비하겠습니다.

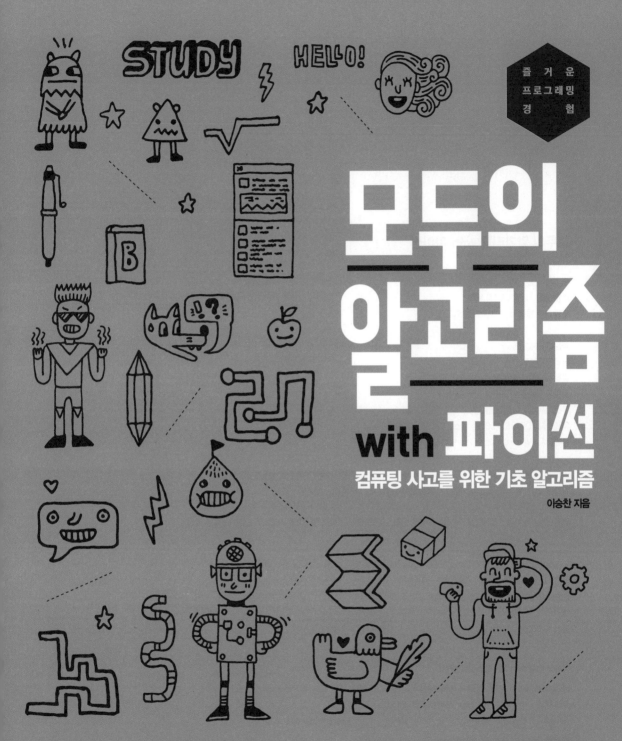

즐거운
프로그래밍
경험

모두의
알고리즘

with 파이썬

컴퓨팅 사고를 위한 기초 알고리즘

이승찬 지음

길벗

모두의 알고리즘 with 파이썬

Algorithms for everyone

초판 발행 · 2017년 5월 18일
초판 11쇄 발행 · 2024년 5월 1일

지은이 · 이승찬
발행인 · 이종원
발행처 · (주)도서출판 길벗
출판사 등록일 · 1990년 12월 24일
주소 · 서울시 마포구 월드컵로 10길 56(서교동)
대표전화 · 02)332-0931 | **팩스** · 02)323-0586
홈페이지 · www.gilbut.co.kr | **이메일** · gilbut@gilbut.co.kr

기획 및 책임편집 · 정지은(je7304@gilbut.co.kr) | **디자인** · 배진웅 | **제작** · 이준호, 손일순, 이진혁
영업마케팅 · 임태호, 전선하, 지운집 | **영업관리** · 김명자 | **독자지원** · 윤정아

교정교열 · 김희정 | **전산편집** · 도설아 | **본문 삽화** · 미디어픽스 | **출력 및 인쇄** · 북토리 | **제본** · 신정문화사

ISBN 979-11-6050-172-8 93560
(길벗 도서번호 006935)

정가 16,000원

· ·

독자의 1초를 아껴주는 정성 길벗출판사

(주)도서출판 길벗 | IT실용, IT전문서, IT/일반수험서, 경제경영, 취미실용, 인문교양(더퀘스트) **www.gilbut.co.kr**
길벗이지톡 | 어학단행본, 어학수험서 **www.eztok.co.kr**
길벗스쿨 | 국어학습, 수학학습, 어린이교양, 주니어 어학학습, 교과서 **www.gilbutschool.co.kr**

페이스북 · www.facebook.com/gbitbook

 어렵게만 생각한 알고리즘을 쉽게 다가갈 수 있도록 만들어 준 책입니다. 알고리즘은 굉장히 어려운 내용이라고 생각했는데, 설명도 재미있고 이해하기 쉬웠습니다. 어렵고 복잡한 내용을 최소화하고 기본으로 알아야 할 것을 배운 느낌입니다. 알고리즘을 처음 접하는 사람들에게 추천합니다.

홍성진 | 22세, 대학생

책에 나오는 수학 문제가 생각보다 어렵지 않아서 알고리즘을 이해하는 데 큰 도움이 되었어요. 중 · 고등학생은 물론 저처럼 파이썬에 관심 있는 사람들에게 좋을 것 같아요. 무턱대고 '이렇게 하면 되지 않을까?'가 아니라 논리적인 흐름에 따라 더 효율적인 방법을 찾아가는 과정이라 평소 생각을 정리하는 데도 도움이 될 것 같습니다.

박정현 | 36세, 웹 마케터

수학을 가르치는 일을 하고 있는데, 알고리즘을 사용해서 시에르핀스키의 삼각형이 그려지는 게 신기했어요. 고등학교 수학 내용과 겹쳐져 더 흥미로웠고 응용문제까지 있어 기본 알고리즘을 익히기 좋았습니다.

김가영 | 34세, 수학 교사

 시중에 나와 있는 알고리즘 서적은 대부분 개발자, 대학생, 전문가가 대상이라 보기가 어려웠는데, 이 책은 어렵고 복잡한 알고리즘을 파이썬을 사용해서 쉽고 간단하게 알려주네요. '모두의 알고리즘'이라는 제목처럼 누구나 책을 보면서 따라 할 수 있도록 친절하고 상세하게 설명해 줍니다. 무엇보다 '어렵지 않게' 설명한다는 점이 인상 깊었습니다.

류성현 | 18세, 고등학생

소위 '문과형 인간'으로 살다가 코딩 열풍에 휩쓸려 알고리즘을 한번 공부해 보고 싶단 생각이 들었습니다. 알고리즘과 코딩의 기초 원리를 쉽게 알 수 있어서 정말 유익했습니다. 지금까지 감정이나 주관을 섞어 문제를 해결해 왔던 제게 《모두의 알고리즘 with 파이썬》은 신선한 문화 충격이었습니다. 이 책 덕분에 다른 책도 읽어 보고 싶단 생각이 들었습니다.

허윤정 | 39세, 편집자

> "
> 이 책이 출간되기 전에
> 최초의 독자가 먼저 읽고 따라 해 보았습니다.
> 베타테스트에 참여해 주신 모든 분께 감사드립니다!
> "

말 그대로 '알고리즘(algorithm)'의 시대입니다.

우리는 매일 뉴스나 신문을 통해 인터넷 검색 알고리즘, SNS 친구 추천 알고리즘, 홍채 인식 알고리즘, 자율 주행 알고리즘, 주식 투자 알고리즘 같은 수많은 종류의 알고리즘에 대한 소식을 접하면서 살고 있습니다.

실제로 우리는 아침에 일어나 뉴스 추천 알고리즘이 고른 신문 기사를 보고, 경로 탐색 알고리즘을 이용하는 내비게이션의 도움을 받아 출근하며, 지문 인식 알고리즘이 들어간 도어록으로 사무실 출입문을 엽니다. 친구에게 전화하려고 연락처를 찾을 때는 탐색 알고리즘이 이용됩니다. 우리의 일상은 이미 알고리즘 없이는 잠시도 돌아가지 않을 정도입니다.

이렇게 알고리즘이란 용어를 매일 듣다 보면 도대체 알고리즘이 무엇인지 궁금해지기까지 합니다. 하지만 알고리즘은 발음하기 어려운 만큼이나 섣불리 다가가기 어려운 주제입니다.

큰맘 먹고 알고리즘 책을 펼쳐도 첫 장부터 나오는 어려운 용어 정의와 복잡한 수학 기호 탓에 모처럼 생긴 알고리즘에 대한 호기심은 사라지고 좌절에 빠지기 일쑤입니다. 알고리즘은 소설이나 에세이를 읽듯 술술 읽어 내려갈 수 있는 주제가 절대 아니기 때문입니다.

이 책은 중요하지만 어려운 주제인 알고리즘을 어떻게 하면 쉽게 설명할 수 있을까 하는 고민에서 시작되었습니다. 많은 사람이 어려워하는 전문 용어와 복잡한 수학을 최대한 줄이고, 간단한 문제 중심으로 책을 구성하였습니다. 알고리즘 교과서에 자주 등장하는 내용이라도 설명하거나 이해시키기 어려운 부분은 과감히 빼고, 문제 풀이 과정에서 흔하게 일어나지 않는 예외 상황은 없다고 가정하여 예제 프로그램을 최대한 간결하게 만들었습니다.

또한, 문제를 사람의 언어와 생각으로 먼저 이해하고 풀 수 있도록 신경 썼으며, 초보자에게 어려울 수 있는 '알고리즘 분석'은 꼭 필요한 개념만 설명하고 넘어가는 식으로 구성하였습니다. 부족하지만 모쪼록 이 책을 통해 더 많은 분이 알고리즘의 기초를 접할 수 있길 바랍니다.

SPECIAL ★
Thanks To

소중한 가족 – 사랑하는 아내와 세 아들, 책을 쓰는 데 필요한 자료 정리를 도와준 이선복 님, 예제를 검증하고 오류를 수정하도록 도와준 구현서 님, 이상원 님, 코딩을 다시 시작할 수 있도록 도와준 넥슨 권주현 님, 인터넷 백과사전 Wikipedia.org 팀과 공헌자들에게 고마움을 전합니다.

2017년 4월 이승찬

 누구를 위한 책인가요?

 이 책은 알고리즘이 무엇인지 궁금했지만, 어려운 수학과 복잡한 프로그램 코드 때문에 엄두를 내지
못했던 사람들을 위한 책입니다.

컴퓨터를 전공하지 않았지만 IT 관련 업계에서 일하고 있는 사람은 물론, 최소한의 수학 지식을 갖춘 중·고등학생,
그 외에 알고리즘에 호기심이 있는 사람이라면 누구라도 읽을 수 있도록 썼습니다. 어려운 수학과 복잡한 프로그래
밍 지식이 없어도 어렵지 않게 읽을 수 있을 것입니다.

다만, 컴퓨터 과학·공학을 전공하거나 자료 구조·알고리즘을 이용한 프로그래밍을 이미 경험한 사람이라면 좀 더
전문적이고 깊이 있는 알고리즘 책을 보길 권합니다. 이 책은 체계적인 알고리즘 공부를 위한 교과서라기보다 누구
나 알고리즘을 쉽게 접할 수 있게 도와주는 입문서이기 때문입니다.

 파이썬을 몰라도 괜찮나요?

이 책에 나오는 예제 프로그램은 모두 파이썬 프로그래밍 언어로 작성되었습니다. 당연히 파이썬으로
컴퓨터 프로그래밍을 해 본 적이 있는 사람을 대상으로 합니다. 하지만 다른 프로그래밍 언어를 경험
한 사람도 책을 읽고 따라 해 볼 수 있도록 파이썬을 설치하는 방법과 파이썬의 기초를 부록 B와 부록 C에 따로 정
리하였습니다.

컴퓨터 프로그래밍을 한 번도 해 본 적이 없는 사람은 파이썬 프로그래밍 언어를 먼저 공부하길 권합니다. 필자가
쓴 《모두의 파이썬(길벗, 2016)》을 참고하기 바랍니다.

이 책은 크게 세 부분으로 구성하였습니다.

준비하기	알고리즘과 알고리즘 분석이 무엇인지 알아봅니다. 예제 프로그램을 실습할 수 있도록 파이썬을 준비합니다.
문제를 통한 알고리즘 학습	열다섯 개 문제를 통해 알고리즘 기초에 해당하는 여러 가지 주제를 다루어 봅니다. 이 부분은 첫째 마당부터 넷째 마당까지이며, 알고리즘 기초, 재귀 호출, 탐색과 정렬, 자료 구조 이렇게 네 가지 주제를 정리하였습니다. 각 문제 끝에는 연습 문제가 있습니다.
응용문제 풀이	응용문제 부분에서는 주어진 문제를 분석해서 컴퓨터가 이해할 수 있는 문제로 바꾼 다음 그동안 배운 알고리즘 지식을 이용해 풀어 봅니다.

어려운 내용은 빼고 최대한 쉬운 책을 만들려고 노력했지만, 알고리즘은 가벼운 마음으로 훑어봐서는 제대로 이해하기 어려운 주제입니다. 수학 문제를 눈으로만 풀면 막상 비슷한 문제를 만나도 풀 수 없는 것과 같은 이치입니다. 따라서 이 책을 볼 때는 마음가짐을 어느 정도 다잡아야 합니다.

첫째, 책의 내용을 읽고만 넘어가지 말고, 알고리즘이 문제를 해결하는 과정을 머릿속으로 따라가면서 이해하려고 노력해야 합니다.

둘째, 문제를 이해하기 어려울 때는 종이와 연필을 꺼내 책에서 설명한 내용을 손으로 쓰면서 알고리즘이 답을 찾는 과정을 따라 해 봅니다.

셋째, 예제 프로그램을 직접 입력해 보길 권합니다. 모든 프로그램을 다 입력하기가 어렵다면 최소한 예제 프로그램을 내려받아 실행해 보고 입력 값을 바꾸면서 출력 값의 변화를 살펴보기 바랍니다.

넷째, 예제 프로그램에 주석으로 적힌 설명을 자세히 읽어 봅니다. 프로그램과 설명을 함께 보면 더 좋은 내용은 주석으로 설명을 달아 두었습니다.

다섯째, 연습 문제는 일단 혼자 해결해 보려고 노력한 다음 풀이를 찾아봅니다. 본문에서 설명하지 못한 중요 개념을 연습 문제에서 설명하기도 했으니 그냥 넘기지 말고 반드시 풀어 보기 바랍니다.

이 책에 나오는 알고리즘 문제는 알고리즘이 무엇인지 맛보기 위한 것입니다. 이 책을 읽고 알고리즘에 관심이 생긴다면 알고리즘을 더 자세히 다루는 알고리즘 교과서나 참고서로 공부를 이어 나가기 바랍니다.

예제 소스 내려받기 & 활용법

이 책에 나오는 모든 예제 프로그램은 완성된 파일 형태로 내려받을 수 있습니다. 예제를 직접 입력하여 결과를 얻는 방식을 권하지만, 해결하기 어려운 문제라면 완성된 예제 파일과 비교하면서 문제를 해결해 보세요.

① 길벗출판사 홈페이지(www.gilbut.co.kr)에 접속합니다.

② [독자지원/자료실] → [자료/문의/요청]에서 도서명으로 검색하여 예제 파일을 내려받습니다.

③ 원하는 폴더에 내려받은 파일의 압축을 풉니다.

④ 부록 B를 보면서 파이썬을 설치하고 메뉴에서 File → Open을 선택합니다.

⑤ 예제 파일이 있는 폴더를 선택하고 원하는 파일을 선택합니다. 열기 버튼을 누르면 예제 소스를 확인할 수 있습니다.

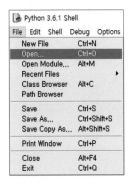 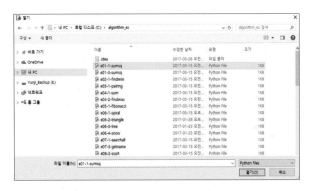

목 차

들어가는 글

ALGORITHMS FOR EVERYONE

본격적인 알고리즘 공부에 앞서 알고리즘과 알고리즘 분석이 무엇인지 알아보고, 알고리즘을 학습하는 데 필요한 파이썬 프로그래밍 언어를 준비해 봅니다.

1 알고리즘

알고리즘이란 간단히 말해 '어떤 문제를 풀기 위한 절차나 방법'입니다. 좀 더 구체적으로 얘기하면 어떤 문제가 있을 때 주어진 '입력' 정보를 원하는 '출력(답)' 정보로 만드는 일련의 과정을 구체적이고 명료하게 적은 것입니다.

- 알고리즘은 어떤 문제를 풀기 위한 절차나 방법입니다.
- 알고리즘은 주어진 '입력'을 '출력'으로 만드는 과정입니다.
- 알고리즘의 각 단계는 구체적이고 명료해야 합니다.

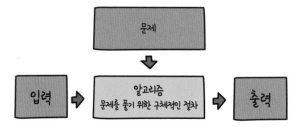

<u>그림 0-1</u>
알고리즘

중학교 때 배우는 '절댓값 구하기'를 예로 들어 알고리즘을 설명해 보겠습니다.

- 문제: 어떤 숫자의 절댓값 구하기
- 입력: 절댓값을 구할 실수 a
- 출력: a의 절댓값

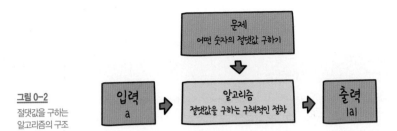

그림 0-2
절댓값을 구하는
알고리즘의 구조

절댓값이란 0부터 그 수까지의 거리에 해당하는 값입니다. |a|와 같이 절댓값을 나타내는 기호인 세로 선(|)으로 수를 둘러싸서 표현합니다. 주어진 실수 a가 양수 혹은 0이면 a 값이 그대로 절댓값이 됩니다. a가 음수이면 a에 마이너스(−)를 붙이면 절댓값이 됩니다.

a의 절댓값을 구하는 과정을 좀 더 명료하게 적어 보겠습니다.

1 | a가 0보다 크거나 같은지 확인합니다. 만약 그렇다면 a를 결과로 돌려줍니다.
2 | 1의 경우가 아니라면(a가 0보다 작으면) −a를 결과로 돌려줍니다.

$$|a| = \begin{cases} a, & a \geqq 0 \\ -a, & a < 0 \end{cases}$$

위 두 문장이 바로 '실수의 절댓값을 구하는 알고리즘'입니다. 각 단계가 매우 명료하고 정확하게 적혀 있는 것을 알 수 있습니다.

a에 5와 −3을 각각 대입해서 위의 알고리즘을 수행해 봅시다. 먼저 a = 5일 때는 a가 0보다 크거나 같으므로(a >= 0) 위 알고리즘의 1에 해당합니다. 즉, a 값인 5가 결과입니다. a = −3일 때는 a가 0보다 작으므로(a < 0) 위 알고리즘의 2에 해당합니다. 즉, −a 값인 −(−3) = 3이므로 3이 결과입니다.

이처럼 컴퓨터 프로그램을 만들기 위한 알고리즘은 계산 과정을 최대한 구체적이고 명료하게 적어야 합니다. 사람은 어떤 문제에 관해 설명을 듣고 그것을 이해하고 나면 비슷한 문제를 만나도 융통성을 발휘해 쉽게 풀 수 있습니다. 하지만 컴퓨터는 주어진 명령에 따라 계산을 수행하는 기계이므로 알고리즘이 구체적이지 않으면 올바르게 계산할 수 없습니다.

알고리즘의 어원

발음하기도 어렵고 철자도 복잡한 알고리즘(algorithm)이란 단어는 어떻게 생겨났을까요? 알고리즘은 중세시대에 페르시아에서 살았던 알-콰리즈미(al-Khwarizmi, 780~850년경)라는 수학자의 이름에서 나온 말입니다. 알-콰리즈미는 이차방정식의 풀잇법과 인수분해를 개발한 사람으로도 유명합니다. 알-콰리즈미의 학문적 발견은 이후 수학에 막대한 영향을 끼쳤고, 알-콰리즈미라는 이름은 계산 방법을 뜻하는 알고리즘이라는 단어로 쓰이고 있습니다.

2 알고리즘 분석

알고리즘이란 '문제를 푸는 방법이나 절차'라고 배웠습니다. 그런데 어떤 문제를 푸는 방법이 꼭 한 가지만 있는 것은 아닙니다. 우리는 앞에서 절댓값을 구할 때 0보다 큰지 작은지를 비교해 부호를 확인하는 방법으로 문제를 풀었습니다. 하지만 또 다른 방법이 있습니다.

$$|a| = \sqrt{a^2}$$

위 방법을 이용해 주어진 a를 제곱한 다음 그 값의 제곱근을 취하는 방법으로도 절댓값을 구할 수 있습니다.

한 가지 문제를 푸는 여러 가지 방법, 즉 여러 가지 알고리즘 중에 상황에 맞는 적당한 알고리즘을 골라 쓰려면 어떤 알고리즘이 어떤 특징을 지니고 있으며 얼마나 계산이 빠르고 편한지 등을 알아야 합니다.

이처럼 알고리즘의 성능이나 특징을 분석하는 것을 '알고리즘 분석'이라고 합니다. 알고리즘 분석을 본격적으로 공부하려면 어려운 수학 지식이 필요합니다. 하지만 이 책은 알고리즘 전공 서적이 아니므로 각 문제에 대한 알고리즘 분석을 복잡한 수학적 증명 없이 간략히 설명합니다.

직접 문제를 다루어 보면 알고리즘을 분석하는 감을 익힐 수 있을 것입니다.

3 파이썬 프로그래밍 언어

이 책에서는 알고리즘을 공부하기 위해 '파이썬 프로그래밍 언어'를 사용합니다. 파이썬은 다른 프로그래밍 언어보다 배우기 쉽고, 알고리즘 공부를 하는 데 도움이 되는 기능을 많이 내장하고 있습니다. 즉, 처음 알고리즘을 배우기 위한 프로그래밍 언어로 매우 적합한 언어입니다. 게다가 무료로 사용할 수 있고 컴퓨터에 간편하게 설치해서 사용할 수 있다는 점도 파이썬을 더욱 돋보이게 합니다.

> **TIP**
> 현재 사용되는 파이썬 버전은 크게 2와 3입니다. 여전히 파이썬 2를 사용하는 사람도 있지만, 이 책은 최신 버전인 파이썬 3을 기준으로 설명합니다. 이 책을 쓰는 2017년 2월 현재 파이썬 3의 최신 버전은 3.6.0입니다. 파이썬 버전 번호의 첫 숫자가 3이면 파이썬 3 버전입니다.

■ 파이썬 프로그래밍 언어 준비하기

책 내용을 제대로 공부하려면 파이썬 프로그래밍 언어를 사용할 수 있어야 합니다. 이미 컴퓨터에 파이썬을 설치했다면 파이썬을 실행해 버전을 확인해 보기 바랍니다. Python 옆에 붙은 첫 숫자가 3이면 파이썬 3이므로 그대로 사용하면 됩니다.

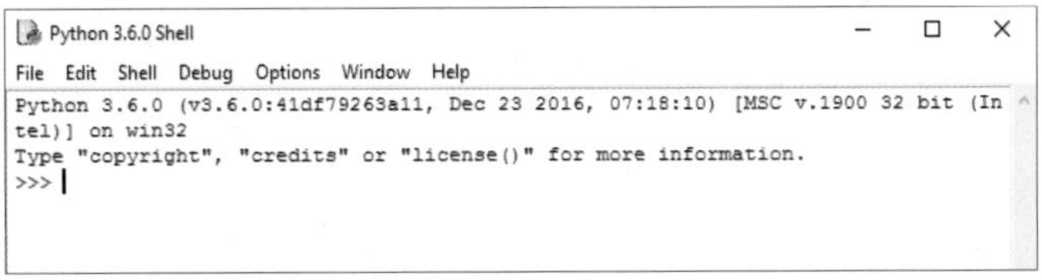

그림 0-3
파이썬을 실행해서
버전을 확인하기

```
Python 3.6.0 Shell                                        —    □    ×
File  Edit  Shell  Debug  Options  Window  Help
Python 3.6.0 (v3.6.0:41df79263a11, Dec 23 2016, 07:18:10) [MSC v.1900 32 bit (In
tel)] on win32
Type "copyright", "credits" or "license()" for more information.
>>> |
```

컴퓨터에 파이썬이 설치되지 않았거나 설치된 파이썬 버전이 2라면 '부록 B 파이썬 설치와 사용법'을 참고하여 파이썬을 설치하기 바랍니다.

기본 파이썬 문법을 어느 정도 이해하고 있어야 이 책의 내용을 제대로 이해할 수 있습니다. '부록 C 파이썬 기초 문법'에 예제 프로그램에서 사용하는 파이썬 기능을 간략히 설명해 놓았으니 파이썬 프로그래밍 경험이 많지 않은 독자라면 부록 C를 꼭 읽어 보기 바랍니다. 예제 프로그램을 이해하는 데 도움을 받을 수 있을 것입니다.

■ 파이썬 예제 프로그램

파이썬 프로그래밍을 할 준비가 되었으므로 예로 살펴본 절댓값 구하기 알고리즘을 각각 abs_sign(a)와 abs_square(a)라는 파이썬 함수로 만들어 보겠습니다. 프로그램을 작성하기 전에 알고리즘을 '사람의 언어'로 최대한 자세히 적어두면, 알고리즘을 프로그램으로 옮기는 과정이 더 쉬워집니다.

알고리즘과 실제로 만들어진 프로그램을 비교해 보면서 '사람의 언어'로 적은 알고리즘이 '컴퓨터의 언어'인 파이썬으로 어떻게 바뀌는지 살펴봅시다.

1 a의 절댓값 구하기 알고리즘 ①: 부호 판단

- a가 0보다 크거나 같은지 확인합니다. 만약 그렇다면 a를 결과로 돌려줍니다.
- 위의 경우가 아니라면(a가 0보다 작다면) −a를 결과로 돌려줍니다.

$$|a| = \begin{cases} a, & a \geqq 0 \\ -a, & a < 0 \end{cases}$$

2 a의 절댓값 구하기 알고리즘 ②: 제곱 후 제곱근

- a를 제곱하여 변수 b에 저장합니다.
- b의 제곱근을 구해 결과로 돌려줍니다.

$$b = a^2$$
$$|a| = \sqrt{b}$$

절댓값 구하기 알고리즘
프로그램 0-1

◉ 예제 소스 p00-1-abs.py

```
import math                    # 수학 모듈 사용


# 절댓값 알고리즘 1(부호 판단)
```

```
# 입력: 실수 a
# 출력: a의 절댓값

def abs_sign(a):
    if a >= 0:
        return a
    else:
        return -a

# 절댓값 알고리즘 2(제곱-제곱근)
# 입력: 실수 a
# 출력: a의 절댓값

def abs_square(a):
    b = a * a
    return math.sqrt(b)    # 수학 모듈의 제곱근 함수

print(abs_sign(5))
print(abs_sign(-3))
print()
print(abs_square(5))
print(abs_square(-3))
```

실행
결과

```
5
3

5.0
3.0
```

실행 결과가 제대로 나왔나요? 혹시 에러를 만났다면 에러 메시지를 읽고 프로그램을 천천히 다시 확인하면서 버그를 찾아보세요.

참고로 두 번째 결괏값이 5와 3이 아니라 5.0과 3.0으로 출력된 이유는 파이썬의 제곱근 함수인 math.sqrt(b)가 소수점이 붙은 값을 돌려주기 때문입니다. 물론 5는 5.0과 같고 3은 3.0과 같은 결과라고 보면 됩니다.

자, 이제 그럼 본격적으로 알고리즘을 공부해 보겠습니다!

 잠깐만요

웹에서 파이썬 사용하기

파이썬을 설치하지 않고 웹 브라우저에서도 파이썬을 이용할 수 있습니다. https://repl.it에 접속해서 Python 3을 선택하거나 주소 창에 https://repl.it/languages/python3을 입력합니다.

예제 프로그램을 입력하고 실행하는 데 지장이 없을 정도로 기능이 훌륭합니다. 회원 가입을 하면 입력한 프로그램을 저장할 수도 있습니다.

알고리즘
기초

간단한 문제를 풀어 보면서 알고리즘의 입력과 출력이 의미하는 것이 무엇인지 알아보고, 알고리즘 분석에 대해 간단히 살펴보겠습니다.

알고리즘을 공부하는 데 기초가 되는 개념이 익숙해지도록 노력해 보세요.

1부터 n까지의 합 구하기

ALGORITHMS FOR EVERYONE

1부터 *n*까지 연속한 정수의 합을 구하는 알고리즘을 만들어 보세요.

1부터 10까지의 수를 모두 더하면? 55
1부터 100까지의 수를 모두 더하면? 5050

초등학교 시절에 한 번쯤 풀어 봤을 법한 쉬운 문제를 첫 번째 문제로 골랐습니다. 간단한 문제지만, 이 문제로 알고리즘과 알고리즘 분석의 중요한 개념을 설명해 보겠습니다.

1 알고리즘의 중요 포인트

알고리즘은 어떤 문제를 풀기 위한 절차나 방법입니다. 주어진 입력을 출력으로 만드는 과정을 구체적이고 명료하게 표현한 것이라고 앞에서 배웠습니다. 알고리즘의 정의를 이 문제에 적용하면서 알고리즘의 중요 포인트를 짚어 보겠습니다.

■ 문제

알고리즘은 주어진 문제를 풀기 위한 절차나 방법이므로, 알고리즘이 있으려면 반드시 문제가 필요합니다. 여기서는 '1부터 n까지 연속한 숫자의 합 구하기'가 바로 문제입니다.

■ 입력

알고리즘은 주어진 '입력'을 '출력'으로 만드는 과정이라고 했습니다. 이 문제에서 입력은 'n까지'에 해당하는 n입니다. 만약 문제를 '1부터 100까지의 합을 구하시

오'라고 적었다면 입력 n이 따로 없어도 5050이라는 결과(출력)를 얻을 수 있습니다. 하지만 이렇게 입력 값을 한정할 경우 10까지 합이나 1000까지 합을 구하려면 따로 문제를 정의하고 알고리즘을 새로 만들어야 하므로 응용하기 어렵습니다. 반면에 n을 입력으로 하는 문제를 만들면 만들어진 알고리즘으로 다양한 입력에 대한 결과를 얻을 수 있습니다.

■ 출력

n = 10이면 1부터 10까지의 합은 55, n = 100이면 1부터 100까지의 합은 5050입니다. 55와 5050이 각각의 입력에 대한 출력입니다.

2 구체적이고 명료한 계산 과정

앞의 문제를 보면서 무의식적으로 덧셈을 시작한 사람이 많을 것입니다. 평소 우리가 생각하는 방식을 곰곰이 따져 보면 다음과 같은 방식으로 1부터 10까지의 합을 구하고 있다는 것을 알 수 있습니다.

1 │ 1 더하기 2를 계산한 결과인 3을 머릿속에 기억합니다.

2 │ 기억해 둔 3에 다음 숫자 3을 더해 6을 기억합니다.

3 │ 기억해 둔 6에 다음 숫자 4를 더해 10을 기억합니다.

4 │ 기억해 둔 10에 다음 숫자 5를 더해 15를 기억합니다.

5~8 │ 같은 과정 반복

9 │ 기억해 둔 45에 다음 숫자인 10을 더해 55를 기억합니다.

10 │ 10까지 다 더했으므로 마지막에 기억된 55를 답으로 제시합니다.

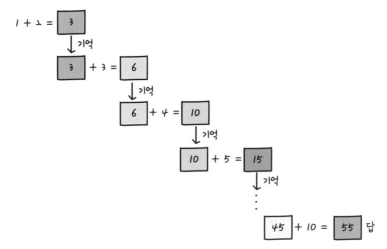

$1 + 2 = \boxed{3}$

↓ 기억

$\boxed{3} + 3 = \boxed{6}$

↓ 기억

$\boxed{6} + 4 = \boxed{10}$

↓ 기억

$\boxed{10} + 5 = \boxed{15}$

↓ 기억

⋮

$\boxed{45} + 10 = \boxed{55}$ 답

그림 1-1
1부터 10까지의 합을
구하는 과정
(사람의 생각)

잘 생각해 보면 우리도 어떤 문제를 본 순간 무의식적으로 알고리즘을 만들고, 그 만들어진 알고리즘을 수행하는 컴퓨터와 같은 일을 하고 있습니다. 다만 사람은 지능과 융통성을 발휘해 굉장히 구체적인 알고리즘을 종이에 적지 않고도 머릿속으로 적당히 계산법을 찾아내 문제를 풀 수 있습니다. 사람과 달리 컴퓨터는 주어진 명령을 기계적으로 수행하는 장치이므로 기계가 알아들을 수 있는 명료하고 구체적인 알고리즘이 있어야만 문제를 풀 수 있습니다.

3 1부터 n까지의 합을 구하는 알고리즘

이제 1부터 n까지의 합을 구하는 문제를 푸는 알고리즘을 적어 보고, 이 알고리즘을 다듬어 파이썬 프로그램으로 만들어 봅시다.

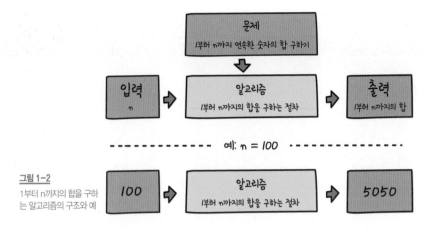

그림 1-2
1부터 n까지의 합을 구하는 알고리즘의 구조와 예

1부터 n까지 연속한 숫자의 합을 구하는 문제를 풀기 위한 알고리즘을 최대한 구체적으로 적으면 다음과 같습니다.

1│ 합을 기록할 변수 s를 만들고 0을 저장합니다.

2│ 변수 i를 만들어 1부터 n까지의 숫자를 1씩 증가시키며 반복합니다.

3│ [반복 블록] 기존의 s에 i를 더하여 얻은 값을 다시 s에 저장합니다.

4│ 반복이 끝났을 때 s에 저장된 값이 결괏값입니다.

이제 이 알고리즘을 파이썬 프로그램으로 바꿔 볼 차례입니다. 알고리즘을 하나의 함수로 만들어 입력은 인자로 전달하고, 출력은 함수의 결괏값(return 값)으로 만들면, 알고리즘이 '입력 → 알고리즘 → 출력'을 수행하는 과정이라는 것을 더 직관적으로 이해할 수 있을 것입니다.

◉ **예제 소스** p01-1-sum.py

```python
# 1부터 n까지 연속한 숫자의 합을 구하는 알고리즘 1
# 입력: n
# 출력: 1부터 n까지의 숫자를 더한 값

def sum_n(n):
    s = 0                          # 합을 계산할 변수
    for i in range(1, n + 1):      # 1부터 n까지 반복(n + 1은 제외)
        s = s + i
    return s


print(sum_n(10))                   # 1부터 10까지의 합(입력: 10, 출력: 55)
print(sum_n(100))                  # 1부터 100까지의 합(입력: 100, 출력: 5050)
```

**실행
결과**

```
55
5050
```

어땠나요? 어렵지 않게 프로그램을 이해하고 입력해서 실행해 볼 수 있었을 것입니다.

> **TIP**
> 프로그램 1-1의 알고리즘은 합을 계산할 변수 s에 0을 넣고 첫 번째 수인 1을 더하는 것으로 계산을 시작하였습니다.
> 즉, 1 + 2 = 3이 아니라 0 + 1 = 1이 첫 덧셈입니다.

4 알고리즘 분석

알고리즘은 문제를 푸는 절차나 방법입니다. 그런데 어떤 문제를 푸는 방법이 한 가지만 있을까요? 보통은 그렇지 않습니다. 1부터 100까지의 합을 구하는 문제만 해도 최소 두 가지 방법이 있습니다.

하나는 앞에서 만든 프로그램처럼 1부터 100까지의 숫자를 차례로 더하는 방법이고, 다른 하나는 수학 천재 가우스가 어렸을 적 주변을 놀라게 했다는 방법입니다(가우스보다 훨씬 더 오래 전인 피타고라스 시절부터 알려진 방법이라는 설도 있습니다).

다른 친구들이 숫자를 하나씩 더하느라 고생할 때 가우스는 그림 1-3과 같은 원리를 이용해 순식간에 답을 구했다고 합니다.

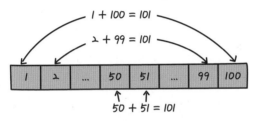

그림 1-3
가우스의 방법

이러한 발견을 일반화해서 만든 1부터 n까지의 합 공식은 다음과 같습니다.

$$\frac{n(n+1)}{2}$$

이 공식을 이용해 '1부터 n까지 연속한 숫자의 합 구하기' 문제를 푸는 파이썬 프로그램을 만들면 다음과 같습니다.

● 예제 소스 p01-2-sum.py

```python
# 1부터 n까지 연속한 숫자의 합을 구하는 알고리즘 2
# 입력: n
# 출력: 1부터 n까지의 숫자를 더한 값

def sum_n(n):
    return n * (n + 1) // 2    # 슬래시 두 개(//)는 정수 나눗셈을 의미

print(sum_n(10))     # 1부터 10까지의 합(입력: 10, 출력: 55)
print(sum_n(100))    # 1부터 100까지의 합(입력: 100, 출력: 5050)
```

실행
결과

```
55
5050
```

알아
보기

자, 우리는 이렇게 1부터 n까지의 합을 구하는 알고리즘을 두 개 만들어 보았습니다. 여러분은 앞에서 살펴본 두 알고리즘 중 어떤 알고리즘을 사용하고 싶나요? 당연히 두 번째 방법이 더 좋은 방법이라 여길 것입니다. 왜냐하면 첫 번째 방법은 입력 값 n이 커질수록 덧셈을 훨씬 더 많이 반복해야 하지만, 두 번째 방법은 n 값의 크기와 관계없이 덧셈, 곱셈, 나눗셈을 각각 한 번씩만 하면 답을 얻을 수 있기 때문입니다.

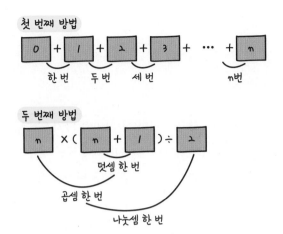

그림 1-4
1부터 n까지
연속한 숫자의 합을
구하는 두 가지 방법

이렇게 주어진 문제를 푸는 여러 가지 방법 중 어떤 방법이 더 좋은 것인지 판단할 때 필요한 것이 '알고리즘 분석'입니다.

알고리즘 분석은 알고리즘 작성 못지않게 중요하지만, 안타깝게도 복잡한 수학 이론이 필요한 경우가 많습니다. 하지만 이 책에서는 되도록 수학 이론이나 증명을 생략하고 개념만 설명하려고 합니다.

5 입력 크기와 계산 횟수

알고리즘에는 입력이 필요한데 입력 크기가 알고리즘의 수행 성능에 영향을 미칠 때가 많습니다. 입력 크기가 커지면 당연히 알고리즘의 계산도 복잡해지겠죠? 1부터 n까지의 합을 구하는 문제를 통해서 입력 크기와 계산 횟수의 관계를 생각해 봅시다.

1부터 n까지의 합을 구하는 문제에서는 n의 크기가 바로 입력 크기입니다. 첫 번째 알고리즘, 즉 s에 0을 넣고 차례로 1, 2, 3 …을 더해서 합계를 구하는 프로그램의 경우 10까지의 합을 구하려면 덧셈을 열 번, 100까지의 합을 구하려면 덧셈을 백 번 해야 합니다. 하지만 두 번째 알고리즘은 어떤가요? 입력 크기 n이 아무리 큰 수라도 덧셈을 한 번, 곱셈을 한 번, 나눗셈을 한 번 하면 결과를 얻을 수 있습니다.

계산하는 데 필요한 사칙연산의 횟수는 다음과 같습니다.

- 첫 번째 알고리즘(프로그램 1-1): 덧셈 n번
- 두 번째 알고리즘(프로그램 1-2): 덧셈, 곱셈, 나눗셈 각 한 번(총 세 번)

입력 크기 n이 작을 때는 두 가지 방법이 큰 차이가 나지 않습니다. 하지만 n이 커지면 커질수록 엄청난 차이가 납니다. n = 1000이 되면 첫 번째 알고리즘은 덧셈을 천 번 해야 하므로 세 번만 계산해도 되는 두 번째 알고리즘과 엄청나게 차이가 납니다.

보통 컴퓨터를 이용해서 계산할 때는 입력 크기 n이 매우 큰 경우가 많습니다. 알고리즘 분석에서는 입력 크기가 매우 큰 n에 대해서 따져 보는 것이 중요합니다. 예를 들어 우리나라 전 국민의 평균 나이를 계산하는 문제라고 하면 입력 크기 n은 우리나라 전 국민에 해당하는 50,000,000이 넘는 수입니다.

6 대문자 O 표기법: 계산 복잡도 표현

어떤 알고리즘이 문제를 풀기 위해 해야 하는 계산이 얼마나 복잡한지 나타낸 정도를 '계산 복잡도(complexity)'라고 합니다. 계산 복잡도를 표현하는 방법에는 여러 가지가 있는데, 그 중 대문자 O 표기법을 가장 많이 사용합니다(대문자 O 표기법은 '빅 오' 표기법이라고도 부릅니다).

대문자 O 표기법의 정확한 정의와 설명은 일단 생략하고, 앞에서 살펴본 예제 프로그램의 계산 복잡도를 대문자 O로 표기하는 방법부터 설명하겠습니다.

첫 번째 알고리즘은 입력 크기 n에 대해 사칙 연산(덧셈)을 n번 해야 합니다. 이때 이 알고리즘의 계산 복잡도를 O(n)이라고 표현합니다. 필요한 계산 횟수가 입력 크기에 '정비례'할 때는 O(n)이라고 표현합니다.

입력 크기 n에 따라 덧셈을 두 번씩 하는 알고리즘이 있다면 어떨까요? 얼핏 생각하면 O(2n)으로 표현할 것 같지만, 그렇지 않습니다. 이때도 마찬가지로 그냥 O(n)으로 표현합니다. 대문자 O 표기법은 알고리즘에서 필요한 계산 횟수를 정확한 숫자로 표현하는 것이 아니라 입력 크기와의 관계로 표현하기 때문입니다.

예를 들어 n이 10에서 20으로 '2배'가 될 때 2n 역시 20에서 40으로 '2배'가 됩니다. 이처럼 필요한 계산 횟수가 입력 크기 n과 '정비례'하면 모두 O(n)으로 표기합니다.

두 번째 알고리즘은 입력 크기 n과 무관하게 사칙연산을 세 번해야 합니다. 이때 알고리즘의 계산 복잡도는 O(1)로 표현합니다. 왜 O(3)이 아니냐고요? 앞에서 O(2n)을 O(n)으로 표현하는 것과 같은 원리입니다. 입력 크기 n과 필요한 계산의 횟수가 무관하다면, 즉 입력 크기가 커져도 계산 시간이 더 늘어나지 않는다면 모두 O(1)로 표기합니다.

대문자 O 표기법은 알고리즘의 대략적인 성능을 표시하는 방법입니다. 따라서 굉장히 세밀한 계산 횟수나 소요 시간을 표현한다기보다 입력 크기 n과 필요한 계산 횟수와의 '관계'에 더 주목하는 표현이라고 기억해 두기 바랍니다.

- O(n): 필요한 계산 횟수가 입력 크기 n과 비례할 때
- O(1): 필요한 계산 횟수가 입력 크기 n과 무관할 때

어떤 문제를 푸는 알고리즘이 두 개 있는데 하나는 O(n)이고 다른 하나는 O(1)이라면 어떤 것을 골라야 할까요? 문제에 주어지는 평균 입력 크기나 각 알고리즘의 실제 계산 방식 등에 따라 차이는 있지만, 입력 크기가 큰 문제를 풀 때는 보통 O(1)인 알고리즘이 훨씬 더 빠릅니다.

 잠깐만요

계산 복잡도: 시간 복잡도와 공간 복잡도

알고리즘의 계산 복잡도는 시간 복잡도(time complexity)와 공간 복잡도(space complexity)로 나눌 수 있습니다.

이름에서 알 수 있듯이 시간 복잡도는 어떤 알고리즘을 수행하는 데 얼마나 오랜 시간이 걸리는지 분석한 것입니다. 마찬가지로 공간 복잡도는 어떤 알고리즘을 수행하는 데 얼마나 많은 공간(메모리/기억 장소)이 필요한지 분석한 것입니다.

앞에서 우리는 사칙연산 횟수로 계산 복잡도를 생각해 보았는데 이것은 시간 복잡도에 해당합니다. 어떤 알고리즘을 수행하는 데 필요한 사칙연산의 횟수가 많아지면 결국 알고리즘 전체를 수행하는 시간이 늘어나기 때문입니다.

이 책에서 나오는 '계산 복잡도'는 특별한 말이 없는 한 '시간 복잡도'를 의미합니다.

1-1 1부터 n까지 연속한 숫자의 제곱의 합을 구하는 프로그램을 for 반복문으로 만들어 보세요(예를 들어 n = 10이라면 $1^2 + 2^2 + 3^2 + \cdots + 10^2 = 385$를 계산하는 프로그램입니다).

1-2 연습 문제 1-1 프로그램의 계산 복잡도는 O(1)과 O(n) 중 무엇일까요?

1-3 1부터 n까지 연속한 숫자의 제곱의 합을 구하는 공식은 $\dfrac{n(n+1)(2n+1)}{6}$ 로 알려져 있습니다. for 반복문 대신 이 공식을 이용하면 알고리즘의 계산 복잡도는 O(1)과 O(n) 중 무엇이 될까요?

최댓값 찾기

ALGORITHMS FOR EVERYONE

주어진 숫자 n개 중 가장 큰 숫자를 찾는 알고리즘을 만들어 보세요.

이번 문제는 주어진 숫자 n개 중에서 가장 큰 숫자(최댓값)를 찾는 문제입니다. 예를 들어 17, 92, 18, 33, 58, 7, 33, 42와 같이 숫자가 여덟 개가 있을 때 최댓값은 92입니다.

최댓값 찾기 알고리즘을 살펴보기 전에 여러 숫자를 효율적으로 다루는 데 꼭 필요한 파이썬의 리스트 기능을 정리해 보겠습니다.

1 리스트

17, 92, 18, 33, 58, 7, 33, 42와 같은 숫자 여러 개는 파이썬의 리스트 기능을 이용하면 쉽게 관리할 수 있습니다.

리스트(list)는 정보 여러 개를 하나로 묶어 저장하고 관리할 수 있는 기능입니다. 리스트를 만들려면 대괄호([]) 안에 정보 여러 개를 쉼표(,)로 구분하여 적어 주면 됩니다.

예제를 보면서 리스트의 사용법을 알아보겠습니다.

```
>>> a = [5, 7, 9]
>>> a
[5, 7, 9]
>>> a[0]
5
>>> a[2]
```

```
9
>>> a[-1]
9
>>> len(a)
3
```

첫 번째 문장의 a = [5, 7, 9]는 5, 7, 9라는 정수 세 개를 묶은 리스트를 만들어 a에 저장합니다. 두 번째 문장에서 a를 입력하면 [5, 7, 9]가 표시되면서 a가 5, 7, 9라는 정보 세 개를 묶어 놓은 리스트라고 알려 줍니다.

파이썬 리스트에서 가장 주의할 점은 자료 위치를 1이 아닌 0부터 센다는 점입니다. 예를 들어 a[0]은 리스트 a의 0번 위치 값을 의미하므로 5, 7, 9 중 맨 앞에 있는 값인 5가 표시됩니다. 따라서 이 리스트의 마지막 값인 9를 얻으려면 a[3]이 아닌 a[2]를 사용해야 합니다.

그렇다면 a[-1]은 무엇일까요? 파이썬 리스트에서 위치 번호 -1은 리스트의 끝에서 첫 번째 값, 즉 마지막 값을 의미합니다. 따라서 a[-1] = 9라는 결과를 얻을 수 있습니다. 예를 들어 자료가 n개 들어 있는 리스트 b가 있다면 첫 번째 값은 b[0], 마지막 값은 b[n-1] 또는 b[-1]로 표현할 수 있습니다.

> **TIP** 리스트에서 자료 값의 위치 번호는 1이 아닌 0부터 시작하므로 자료가 n개일 때 마지막 값의 위치 번호는 n이 아니라 n-1이 됩니다.

한편, len( ) 함수를 사용하면 어떤 리스트 안에 들어 있는 자료 개수를 알 수 있습니다. 리스트 a에는 세 개의 값인 [5, 7, 9]가 들어 있으므로 len(a)의 결과는 3입니다.

그림 2-1
리스트의 자료 값과
위치 번호

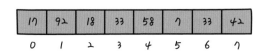

표 2-1
자주 쓰는 리스트 기능

함수	설명	사용 예
len(a)	리스트 길이(자료 개수)를 구합니다.	a = [] len(a) # 빈 리스트이므로 0 len([1, 2, 3]) # 자료 개수가 세 개이므로 3
append(x)	자료 x를 리스트의 맨 뒤에 추가합니다.	a = [1, 2, 3] a.append(4) # a는 [1, 2, 3, 4]가 됩니다.
insert(i, x)	리스트의 i번 위치에 x를 추가합니다.	a = [1, 2, 3] a.insert(0, 5) # 0번 위치(맨 앞)에 5를 추가합니다. # a = [5, 1, 2, 3]이 됩니다.
pop(i)	i번 위치에 있는 자료를 리스트에서 빼내면서 그 값을 함수의 결괏값으로 돌려줍니다. i를 지정하지 않으면 맨 마지막 값을 빼내서 돌려줍니다.	a = [1, 2, 3] print(a.pop()) # 3이 출력되고 a = [1, 2]가 됩니다.
clear()	리스트의 모든 자료를 지웁니다.	a = [1, 2, 3] a.clear() # a = [], 즉 빈 리스트가 됩니다.
x in a	어떤 자료 x가 리스트 a 안에 있는지 확인합니다(x not in a는 반대 결과).	a = [1, 2, 3] 2 in a # 2가 리스트 a 안에 있으므로 True 5 in a # 5가 리스트 a 안에 없으므로 False 5 not in a # 5가 리스트 a 안에 없으므로 True

2 최댓값을 찾는 알고리즘

리스트에 대해 배웠으므로 다시 최댓값 찾기 문제로 돌아와 92라는 답을 얻기 위해 어떤 알고리즘을 사용했는지 살펴봅시다. 아마 의식하지 못했더라도 다음과 같은 방법으로 최댓값을 구했을 것입니다. 다음은 17, 92, 18, 33, 58, 7, 33, 42 중에서 최댓값을 찾는 알고리즘을 사람의 생각으로 정리한 것입니다.

1 │ 첫 번째 숫자 17을 최댓값으로 기억합니다(최댓값: 17).

2 │ 두 번째 숫자 92를 현재 최댓값 17과 비교합니다. 92는 17보다 크므로 최댓값을 92로 바꿔 기억합니다(최댓값: 92).

3 │ 세 번째 숫자 18을 현재 최댓값 92와 비교합니다. 18은 92보다 작으므로 지나갑니다(최댓값: 92).

4~7 │ 네 번째 숫자부터 일곱 번째 숫자까지 같은 과정 반복

8 │ 마지막 숫자 42를 현재 최댓값 92와 비교합니다. 42는 92보다 작으므로 지나갑니다(최댓값: 92).

9 │ 마지막으로 기억된 92가 주어진 숫자 중 최댓값입니다.

이 알고리즘을 파이썬 프로그램으로 만들면 다음과 같습니다.

최댓값을 구하는 알고리즘

프로그램 2-1

● **예제 소스** p02-1-findmax.py

```python
# 최댓값 구하기
# 입력: 숫자가 n개 들어 있는 리스트
# 출력: 숫자 n개 중 최댓값

def find_max(a):
    n = len(a)                  # 입력 크기 n
    max_v = a[0]                # 리스트의 첫 번째 값을 최댓값으로 기억
    for i in range(1, n):       # 1부터 n-1까지 반복
        if a[i] > max_v:        # 이번 값이 현재까지 기억된 최댓값보다 크면
            max_v = a[i]        # 최댓값을 변경
    return max_v

v = [17, 92, 18, 33, 58, 7, 33, 42]
print(find_max(v))
```

92

3 **알고리즘 분석**

최댓값 구하기 프로그램의 계산 복잡도(시간 복잡도)를 생각해 봅시다. 입력 크기가 n일 때, 즉 숫자 n개 중에서 최댓값을 구할 경우 자료 개수 n은 리스트 a의 크기인 len(a)로 쉽게 구할 수 있습니다.

그렇다면 최댓값을 구하는 데 컴퓨터가 해야 하는 가장 중요한 계산은 무엇일까요? 두 값 중 어느 것이 더 큰지를 판단하는 '비교'입니다. 프로그램 2-1에서는 for i in range(1, n): 반복문 안에 크기를 비교하는 판단 구문(if a[i] > max_v:)이 있어 자료 n개 중에서 최댓값을 찾으려면 비교를 n-1번 해야 합니다. 이때 계산 복잡도는 O(n-1)일까요? 정답은 O(n)입니다. 문제 1에서 설명한 것처럼 n이 굉장히 커질 때는 n번과 n-1번의 차이가 무의미하므로 간단히 O(n)으로 표현합니다.

계산 복잡도 O(n)의 가장 중요한 특징은 입력 크기와 계산 시간이 대체로 비례한다는 것입니다. 바꿔 말하면 숫자 10,000개 중 최댓값을 찾는 데 걸리는 시간이 10초였다면 20,000개를 입력할 때는 대략 20초가 걸릴 것으로 예상할 수 있다는 말입니다.

4 **응용하기**

이번에는 문제를 살짝 바꿔 보겠습니다.

리스트에 숫자가 n개 있을 때 가장 큰 값이 있는 위치 번호를 돌려주는 알고리즘을 만들어 보세요.

원래는 입력 자료 중에 최댓값이 무엇인지 알아내는 문제였는데, 이번에는 최댓값이 리스트의 어느 위치에 있는지 묻는 문제로 바뀌었습니다.

리스트 [17, 92, 18, 33, 58, 7, 33, 42]에서는 두 번째 나오는 값인 92가 최댓값이므로 이 문제의 결괏값은 1입니다.

왜 2가 아니냐고요? 파이썬에서 리스트의 위치 번호는 0부터 시작한다는 점을 명심하세요. 0번 위치가 17, 1번 위치가 92이므로 이 문제의 답은 1입니다.

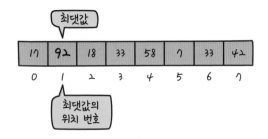

그림 2-2
최댓값과 최댓값의
위치 번호

최댓값의 위치를 구하는 알고리즘

프로그램 2-2

● **예제 소스** p02-2-findmaxidx.py

```python
# 최댓값의 위치 구하기
# 입력: 숫자가 n개 들어 있는 리스트
# 출력: 숫자 n개 중에서 최댓값이 있는 위치(0부터 n-1까지의 값)

def find_max_idx(a):
    n = len(a)                    # 입력 크기 n
    max_idx = 0                   # 리스트 중 0번 위치를 최댓값 위치로 기억
    for i in range(1, n):
        if a[i] > a[max_idx]:     # 이번 값이 현재까지 기억된 최댓값보다 크면
            max_idx = i           # 최댓값의 위치를 변경
    return max_idx
```

```
v = [17, 92, 18, 33, 58, 7, 33, 42]
print(find_max_idx(v))
```

```
1
```

앞으로 여러 가지 알고리즘을 접하다 보면 최댓값 또는 최솟값 자체를 구해야 할 때도 있지만, 최댓값 또는 최솟값의 위치 번호를 알아야 할 때도 많습니다. 물론 최댓값의 위치 번호를 알면 최댓값도 쉽게 구할 수 있습니다.

- a[최댓값의 위치 번호] = 최댓값
- 예시: a[1] = 92

연습
문제

2-1 숫자 n개를 리스트로 입력받아 최솟값을 구하는 프로그램을 만들어 보세요.

문제 03

동명이인 찾기 ①

ALGORITHMS FOR EVERYONE

n명의 사람 이름 중에서 같은 이름을 찾아 집합으로 만들어 돌려주는 알고리즘을 만들어 보세요.

동명이인(同名異人)은 같은 이름을 가진 서로 다른 사람을 뜻합니다. 여러 사람의 이름 중에서 같은 이름이 있는지 확인하고, 있다면 같은 이름들을 새로 만든 결과 집합에 넣어 돌려주면 됩니다.

이 문제의 입력은 n명의 이름이 들어 있는 리스트이고, 결과는 같은 이름들이 들어 있는 집합(set)입니다. 예를 들어 사람 이름으로 구성된 리스트 ["Tom", "Jerry", "Mike", "Tom"]이 입력으로 주어졌다면 결과는 집합 {"Tom"}이 됩니다. 왜냐하면, Tom이란 이름이 두 번 나오기 때문입니다.

1 집합

이 문제의 출력은 같은 이름들이 들어 있는 '집합'입니다. 집합은 리스트와 같이 정보를 여러 개 넣어서 보관할 수 있는 파이썬의 기능입니다. 다만, 집합 하나에는 같은 자료가 중복되어 들어가지 않고, 자료의 순서도 의미가 없다는 점이 리스트와 다릅니다.

다음 예제를 통해 집합의 간단한 사용법을 살펴보겠습니다.

```
>>> s = set()
>>> s.add(1)
>>> s.add(2)
```

```
>>> s.add(2)          # 이미 2가 집합에 있으므로 중복해서 들어가지 않습니다.
>>> s
{1, 2}
>>> len(s)            # 집합 s에는 자료가 두 개 들어 있습니다.
2
>>> {1, 2} == {2, 1}  # 자료의 순서는 무관하므로 {1, 2}와 {2, 1}은 같은 집합입니다.
True
```

빈 집합을 만들려면 set( )를 이용하고, 집합에 자료를 추가하려면 add( ) 함수를
이용합니다. 또한, 집합 안에 자료가 몇 개 있는지 알려면 len( ) 함수를 이용합
니다. 자주 쓰는 집합 기능은 표 3-1과 같습니다.

표 3-1
자주 쓰는 집합 기능

함수	설명	사용 예
len(s)	집합의 길이(자료 개수)를 구합니다.	s = set() len(s) # 빈 집합이므로 0 len({1, 2, 3}) # 자료 개수가 세 개이므로 3
add(x)	집합에 자료 x를 추가합니다.	s = {1, 2, 3} s.add(4) # s는 {1, 2, 3, 4}가 됩니다(순서는 다를 수 있음).
discard(x)	집합에 자료 x가 들어 있다면 삭제합니다(없으면 변화 없음).	s = {1, 2, 3} s.discard(2) # s는 {1, 3}이 됩니다.
clear()	집합의 모든 자료를 지웁니다.	s = {1, 2, 3} s.clear() # s = set(), 즉 빈 집합이 됩니다.
x in s	어떤 자료 x가 집합 s에 들어 있는지 확인합니다(x not in s는 반대 결과).	s = {1, 2, 3} 2 in s # 2가 집합 s 안에 있으므로 True 5 in s # 5가 집합 s 안에 없으므로 False 5 not in s # 5가 집합 s 안에 없으므로 True

2 동명이인을 찾는 알고리즘

결괏값을 저장할 집합을 알아보았으므로 지금부터는 문제를 실제로 풀어 보겠습니다.

앞의 예시처럼 단순히 이름이 네 개만 들어 있는 짧은 리스트라면 Tom이 두 번 나온다는 것을 바로 알 수 있습니다. 사람이 이 문제를 어떻게 풀지 생각해 보면 다음과 같을 것입니다.

1 | 첫 번째 Tom을 뒤에 있는 Jerry, Mike, Tom과 차례로 비교합니다.
2 | 첫 번째 Tom과 마지막 Tom이 같으므로 동명이인입니다(동명이인: Tom).
3 | 두 번째 Jerry를 뒤에 있는 Mike, Tom과 비교합니다(앞에 있는 Tom과는 이미 비교했음).
4 | 세 번째 Mike를 뒤에 있는 Tom과 비교합니다.
5 | 마지막 Tom은 비교하지 않아도 됩니다(이미 앞에서 비교했음).
6 | 같은 이름은 Tom 하나뿐입니다.

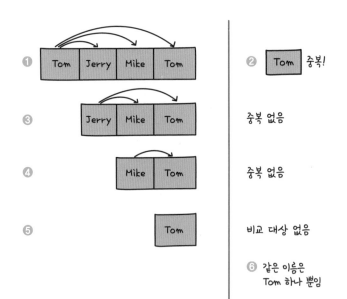

그림 3-1
동명이인을 찾는 과정

이 알고리즘에서 주의할 점은 다음과 같습니다.

첫째, 이번에 비교할 이름을 뽑은 다음에는 뽑은 이름보다 순서상 뒤에 있는 이름하고만 비교하면 됩니다. 자기 자신과 비교하는 것은 무의미하고 앞에 있는 이름과는 이미 비교가 끝났기 때문입니다.

둘째, 리스트의 마지막 이름을 기준으로는 비교하지 않아도 됩니다. 자신의 뒤에는 비교할 이름이 없고, 앞과는 이미 비교가 끝났기 때문입니다.

셋째, 같은 이름을 찾으면 결과 집합에 그 이름을 추가합니다.

주의사항을 명심하고 프로그램을 만들어 봅시다.

동명이인을 찾는 알고리즘   프로그램 3-1

● **예제 소스** p03-1-samename.py

```python
# 두 번 이상 나온 이름 찾기
# 입력: 이름이 n개 들어 있는 리스트
# 출력: 이름 n개 중 반복되는 이름의 집합

def find_same_name(a):
    n = len(a)                      # 리스트의 자료 개수를 n에 저장
    result = set()                  # 결과를 저장할 빈 집합
    for i in range(0, n - 1):       # 0부터 n-2까지 반복
        for j in range(i + 1, n):   # i+1부터 n-1까지 반복
            if a[i] == a[j]:        # 이름이 같으면
                result.add(a[i])    # 찾은 이름을 result에 추가
    return result

name = ["Tom", "Jerry", "Mike", "Tom"]  # 대소문자 유의: 파이썬은 대소문자를 구분함
print(find_same_name(name))
```

```
name2 = ["Tom", "Jerry", "Mike", "Tom", "Mike"]
print(find_same_name(name2))
```

```
{'Tom'}
{'Mike', 'Tom'}
```

집합에서는 어떤 자료가 집합에 들어 있는지가 중요할 뿐 그 자료들이 어떤 순
서로 있는지는 중요하지 않습니다. 따라서 실행 결과의 두 번째 줄이 {'Tom',
'Mike'}로 출력되더라도 틀린 것이 아닙니다.

> **잠깐만요**
>
> **예제 프로그램의 문자열이 영어인 이유**
> 컴퓨터 시스템은 대부분 영어를 사용한다는 전제로 설계되었습니다. 컴퓨터가 전 세계로 보급
> 되면서 한글을 사용할 때 생기는 문제가 많이 줄어들었지만, 여전히 특정 컴퓨터나 프로그램에
> 서는 한글을 사용하는 데 어려움이 있습니다. 파이썬 역시 일부 컴퓨터 환경에서는 한글을 입출
> 력할 때 문제가 생길 수 있어 책의 예제 프로그램에서는 주로 영어 문자열을 사용하였습니다.

알아
보기

프로그램 3-1에서 눈여겨볼 부분은 중첩된 반복문입니다. 리스트 안에 있는 자
료를 서로 빠짐없이 비교하되 중복해서 비교하지 않도록 반복문을 두 개 겹쳐서
사용하였습니다.

첫 번째 반복문 for i in range(0, n - 1):은 i를 0부터 n-2까지 반복한다는
뜻입니다. 리스트의 마지막 값에 해당하는 a[n - 1]은 이미 앞에서 다른 자료와
한 번씩 다 비교했으므로 제외해도 됩니다(즉, 마지막 Tom을 기준으로는 비교하
지 않아도 됩니다).

두 번째 반복문 for j in range(i + 1, n):은 비교 기준으로 정해진 i번째 위치에 1을 더한 위치의 값부터 끝까지 비교하는 것을 뜻합니다. 그림 3-2를 보면서 비교 과정을 머릿속으로 정리해 보면 이해하는 데 좀 더 도움이 될 것입니다.

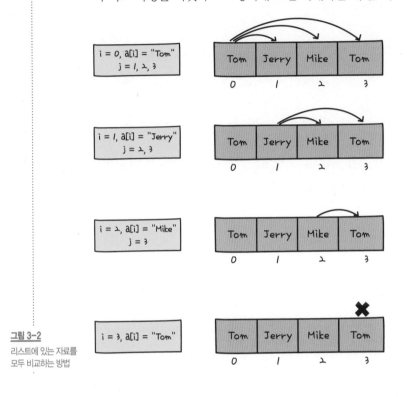

그림 3-2
리스트에 있는 자료를
모두 비교하는 방법

(3) ## 알고리즘 분석

이 알고리즘의 계산 복잡도를 분석해 봅시다. 같은 이름을 찾는 알고리즘이므로 두 이름이 같은지 '비교'하는 횟수를 따져 보면 됩니다.

먼저 n = 4일 때 비교 횟수를 볼까요?

표 3-2

n = 4일 때 비교 횟수

위치	이름	비교 횟수	비교 대상
0	Tom	3	Jerry, Mike, Tom
1	Jerry	2	Mike, Tom
2	Mike	1	Tom
3	Tom	0	비교 안 함
전체 비교 횟수 = 3 + 2 + 1 + 0 = 6			

이제 일반적인 입력 크기인 n에 대해서 볼까요?

- 0번 위치 이름: n-1번 비교(자기를 제외한 모든 이름과 비교)
- 1번 위치 이름: n-2번 비교
- 2번 위치 이름: n-3번 비교

  ...

- n-2번 위치 이름: 1번 비교
- n-1번 위치 이름: 0번 비교

결국, 전체 비교 횟수는 0 + 1 + 2 + 3 + 4 + ⋯ + (n-1)번, 즉 1부터 n-1까지의 합입니다.

문제 1에서 배운 1부터 n까지의 합을 구하는 공식에 n 대신 n-1을 대입하면 다음과 같습니다.

$$1+2+3+\cdots+(n-1) = \frac{(n-1)(n-1+1)}{2} = \frac{n(n-1)}{2} = \frac{1}{2}n^2 - \frac{1}{2}n$$

$\frac{1}{2}n^2 - \frac{1}{2}n$번 비교해야 한다는 것을 알 수 있습니다. 대문자 O 표기법으로는 $O(n^2)$이라고 표현합니다. n의 제곱에 비례해서 계산 시간이 변하는 것이 핵심이므로 n^2 앞의 계수 $\frac{1}{2}$이나 $-\frac{1}{2}n$은 무시하고 $O(n^2)$으로 표현한 것입니다.

계산 복잡도가 $O(n^2)$인 알고리즘은 입력 크기 n이 커지면 계산 시간은 그 제곱에 비례하므로 엄청난 차이로 증가합니다. 알고리즘 분석에 대문자 O 표기법이 중요한 이유는 이렇게 입력 크기가 커질 때 계산 시간이 얼마나 증가할지 가늠해볼 수 있기 때문입니다.

3-1 n명 중 두 명을 뽑아 짝을 짓는다고 할 때 짝을 지을 수 있는 모든 조합을 출력하는 알고리즘을 만들어 보세요.

예를 들어 입력이 리스트 ["Tom", "Jerry", "Mike"]라면 다음과 같은 세 가지 경우를 출력합니다.

```
Tom – Jerry
Tom – Mike
Jerry – Mike
```

3-2 다음 식을 각각 대문자 O 표기법으로 표현해 보세요.

A 65536

B $n-1$

C $\dfrac{2n^2}{3} + 10000n$

D $3n^4 - 4n^3 + 5n^2 - 6n + 7$

재귀 호출

알고리즘을 공부하는 데 꼭 필요한 개념인
재귀 호출을 알아봅니다. 재귀 호출은 함
수가 자기 자신을 다시 호출하는 것을 뜻
합니다. 꼬리에 꼬리를 무는 함수 호출이
처음에는 혼란스러울 수 있지만, 익숙해
지면 알고리즘 프로그래밍을 효율적으로
할 수 있게 도와주는 매우 중요한 테크닉
이란 걸 알 수 있습니다.

문제 04 팩토리얼 구하기

1부터 n까지 연속한 정수의 곱을 구하는 알고리즘을 만들어 보세요.

이번 문제는 1부터 n까지의 곱, 즉 팩토리얼(factorial)을 구하는 문제입니다.

팩토리얼

이미 알고 있는 사람도 있겠지만, 팩토리얼을 잠깐 정리하고 넘어가겠습니다. 팩토리얼은 숫자 뒤에 느낌표(!)를 붙여 표기하며 1부터 n까지 연속한 숫자를 차례로 곱한 값입니다. '계승'이라고도 합니다.

$1! = 1$
$3! = 1 \times 2 \times 3 = 6$
$5! = 1 \times 2 \times 3 \times 4 \times 5 = 120$
$n! = 1 \times 2 \times 3 \times \cdots \times (n-1) \times n$
단, 0!은 1이라고 약속합니다.

팩토리얼을 구하는 프로그램은 문제 1에서 살펴본 1부터 n까지의 숫자 더하기를 조금 고치면 쉽게 만들 수 있습니다. 프로그램 1-1에서 덧셈 연산을 곱셈 연산으로 바꾸고, 계산의 초깃값을 0에서 1로만 고치면 팩토리얼 프로그램을 간단히 만들 수 있습니다.

● **예제 소스** p04-1-fact.py

```python
# 연속한 숫자의 곱을 구하는 알고리즘
# 입력: n
# 출력: 1부터 n까지 연속한 숫자를 곱한 값

def fact(n):
    f = 1                       # 곱을 계산할 변수, 초깃값은 1
    for i in range(1, n + 1):   # 1부터 n까지 반복(n + 1은 제외)
        f = f * i               # 곱셈 연산으로 수정
    return f

print(fact(1))                  # 1! = 1
print(fact(5))                  # 5! = 120
print(fact(10))                 # 10! = 3628800
```

실행 결과

```
1
120
3628800
```

특별히 설명할 내용이 없을 정도로 간단한 프로그램입니다. 다음으로 '재귀 호출' 방식으로 팩토리얼을 구하는 알고리즘을 만들어 보겠습니다.

2 러시아 인형

본격적으로 재귀 호출을 알아보기 전에 '마트료시카'라고 부르는 러시아 인형 얘기를 해 보겠습니다.

그림 4-1과 같은 러시아 인형을 본 적이 있나요? 큰 인형을 열면 그 안에 비슷하게 생긴 작은 인형이 있고, 또 그 안에 조금 더 작은 인형이 있고, 그 안에 조금 더 작은 인형이 들어 있습니다. 이처럼 인형이 계속 반복되어 나오다가 더 작게 만들기 힘들 정도로 작은 마지막 인형이 나오는데, 그 마지막 인형 안에는 작은 사탕이 들어 있기도 합니다.

다음은 러시아 인형의 특징입니다.

- 인형 안에는 자기 자신과 똑같이 생긴, 크기만 약간 작은 인형이 들어 있습니다.
- 인형 안에서 작은 인형이 반복되어 나오다가 인형을 더 작게 만들기 힘들어지면 마지막 인형이 나오면서 반복이 끝납니다.
- 마지막 인형 안에는 사탕이나 초콜릿 같은 작은 상품이 들어 있기도 합니다.

러시아 인형의 특징을 잘 기억하면서 재귀 호출이 무엇인지 공부해 봅시다.

3 재귀 호출: 다시 돌아가 부르기

재귀 호출(再歸呼出, recursion)은 어떤 함수 안에서 자기 자신을 부르는 것을 말합니다.

다음 프로그램을 한번 볼까요?

```python
def hello():
    print("hello")
    hello()      # hello() 함수 안에서 다시 hello()를 호출


hello()          # hello() 함수를 호출
```

hello() 함수의 정의를 보면 "hello"라는 문장을 화면에 출력한 다음 자기 자신인 hello()를 다시 호출합니다. 이것이 바로 재귀 호출입니다.

"hello"를 출력한 후 다시 자기 자신을 호출하므로 또 다시 "hello"를 출력하고, 다시 자기 자신을 호출해서 "hello"를 출력하는 과정을 영원히 반복하는 것입니다.

```
hello
hello
hello
(…줄임…)
Traceback (most recent call last):
  File "〈pyshell#4〉", line 1, in 〈module〉
    hello()
  File "〈pyshell#3〉", line 3, in hello
    hello()
  File "〈pyshell#3〉", line 3, in hello
    hello()
  File "〈pyshell#3〉", line 3, in hello
    hello()
```

```
[Previous line repeated 974 more times]

File "〈pyshell#3〉", line 2, in hello

    print("hello")

RecursionError: maximum recursion depth exceeded while pickling an object
```

이 프로그램은 재귀 호출이 무엇인지 알려 주는 예제지만 올바른 재귀 호출 프로그램은 아닙니다. 영원히 hello( ) 함수를 반복해서 호출하므로 "hello"를 계속 출력하다가 함수 호출에 필요한 기억 장소를 다 써 버리고 나면 에러를 내고 정지해 버립니다(반복을 멈추려면 Ctrl + C 를 누릅니다).

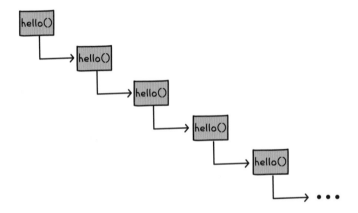

재귀 호출 프로그램이 정상적으로 작동하려면 '종료 조건'이 필요합니다. 즉, 특정 조건이 되면 더는 자신을 호출하지 않고 멈추도록 설계되어야만 합니다. 그렇지 않으면 계속 반복하다가 재귀 에러가 나 버립니다(RecursionError가 발생합니다). 러시아 인형을 만들 때 더는 작은 인형을 만들 수 없을 만큼 작아졌는데도 계속 더 작게 만들려고 하다가는 눈과 손에 병이 날 수밖에 없는 것과 같습니다. 적당한 선에서 마지막 인형을 만들고 마무리를 지어야 합니다(기네스북에 따르면 러시아 인형 겹치기 세계 기록은 2003년에 세워진 51개라고 합니다).

재귀 호출 함수가 계산 결과를 돌려줄 때는 return 명령을 사용해서 종료 조건의 결괏값부터 돌려줍니다. 종료 조건의 결괏값은 곧 마지막으로 호출된 함수의 결괏값이므로 마지막 인형 안에 상품으로 들어 있는 사탕과 비슷한 개념입니다. 무슨 말인지 아직 감이 오지 않는다고요? 괜찮습니다. 재귀 호출은 한 번에 바로 이해하기에는 꽤 어려운 개념입니다. 팩토리얼 계산 알고리즘을 보면서 재귀 호출을 더 익혀 보겠습니다.

 ## 4 재귀 호출 알고리즘

팩토리얼은 1부터 n까지 연속한 숫자의 곱이라고 배웠습니다. 팩토리얼을 재귀 호출로 표현하면 다음과 같습니다.

$$1! = 1$$
$$2! = 2 \times 1 = 2 \times 1!$$
$$3! = 3 \times (2 \times 1) = 3 \times 2!$$
$$4! = 4 \times (3 \times 2 \times 1) = 4 \times 3!$$
$$\cdots$$
$$n! = n \times (n-1)! \quad \leftarrow \text{팩토리얼을 구하려고 다시 팩토리얼을 구함(재귀적 정의)}$$

여기서 $1! = 1$ 그리고 $n! = n \times (n-1)!$이라는 팩토리얼의 성질을 이용해서 팩토리얼을 구하는 프로그램을 만들어 보았습니다.

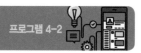
● **예제 소스** p04-2-fact.py

```python
# 연속한 숫자의 곱을 구하는 알고리즘
# 입력: n
# 출력: 1부터 n까지 연속한 숫자를 곱한 값

def fact(n):
    if n <= 1:
        return 1
    return n * fact(n - 1)

print(fact(1))    # 1! = 1
print(fact(5))    # 5! = 120
print(fact(10))   # 10! = 3628800
```

실행 결과

```
1
120
3628800
```

알아 보기

러시아 인형을 떠올리면서 프로그램 4-2를 해석해 볼까요?

우선 n이 1 이하인지 비교합니다. 1 이하(0 포함)는 아주 작아서 더는 계산하지 않아도 되는 '종료 조건'입니다(러시아 인형에서 가장 작은 마지막 인형에 해당합니다). 이때 1을 결괏값으로 돌려줍니다(마지막 인형 안에 들어 있는 달콤한 사탕에 해당합니다).

n이 1보다 크면 n! = n×(n-1)!이므로 n * fact(n-1)을 결괏값으로 돌려줍니다. 이 과정에서 n!을 구하기 위해서 약간 더 작은 값인 (n-1)!을 구하는 fact(n-1)이 재귀 호출됩니다(인형 안에 들어 있는 조금 더 작은 인형에 해당합니다).

여기서 궁금증이 하나 생깁니다. fact(n)을 풀기 위해서 fact(n-1)을 재귀 호출하였는데 호출된 fact(n-1)은 어떻게 실행될까요?

다시 종료 조건에 해당하는지 확인합니다. 종료 조건이 아니라면 이번에는 fact(n-2)를 호출합니다. 마찬가지로 fact(n-3), fact(n-4)… 이렇게 반복하다 보면 결국 fact(1)을 만나게 됩니다. 따라서 재귀 호출이 영원히 반복되지 않고 결국 답을 얻게 됩니다.

어떤가요? 조금 헷갈리지만 어떻게 계산되는지 알 것도 같습니다. 좀 더 확실히 이해하기 위해 fact(4)를 호출했을 때를 생각해 봅시다.

1 │ fact(4)는 4 * fact(3)이므로 fact(3)을 호출하고

2 │ fact(3)은 3 * fact(2)이므로 fact(2)를 호출하고

3 │ fact(2)는 2 * fact(1)이므로 fact(1)을 호출합니다.

4 │ fact(1)은 종료 조건이므로 fact( ) 함수를 더 이상 호출하지 않고 1을 돌려줍니다.

5 │ fact(2)는 fact(1)에서 돌려받은 결괏값 1에 2를 곱해 2를 돌려주고

6 │ fact(3)은 fact(2)에서 돌려받은 결괏값 2에 3을 곱해 6을 돌려주고

7 │ fact(4)는 fact(3)에서 돌려받은 결괏값 6에 4를 곱해 24를 돌려줍니다(최종 결과).

종이와 연필을 꺼내 여러 번 호출되는 fact( ) 함수에 각각 어떤 값이 입력으로 들어가고 출력으로 반환되는지 직접 4!을 재귀 호출로 계산해 보세요.

```
fact(4)
  → 4 * fact(3)
       → 3 * fact(2)
```

$$\rightarrow 2 * \text{fact}(1)$$
$$\rightarrow 1 \, (\text{n이 1이므로 종료 조건})$$
$$\rightarrow 2 * 1$$
$$\rightarrow 3 * 2 * 1$$
$$\rightarrow 4 * 3 * 2 * 1 = 24 \, (\text{최종 결과})$$

위 함수 호출을 4! 계산 수식으로 정리하면 다음과 같습니다.

4!
= 4×3!
= 4×3×2!
= 4×3×2×1!
= 4×3×2×1 (1은 종료 조건이므로 재귀 호출을 멈춤)
= 4×3×2
= 4×6
= 24

5 알고리즘 분석

팩토리얼은 연속한 수의 곱이므로 곱셈의 횟수를 기준으로 알고리즘 분석을 해 보겠습니다.

for 반복문을 이용한 프로그램 4-1의 경우 n!을 구하려면 곱셈이 n번 필요합니다. 그렇다면 재귀 호출 알고리즘으로 만들어진 프로그램 4-2는 어떨까요?

종이에 연필로 쓴 fact(4) 계산 과정을 보면 힌트가 보입니다. fact(4)를 구하려면 fact(1)의 종료 조건으로 돌려받은 1을 2와 곱하여 돌려줍니다. 그리고 그 값에 다시 3을 곱하여 돌려주고, 다시 그 값에 4를 곱하여 돌려주므로 곱셈이 모두 세 번 필요합니다. 마찬가지로 n!을 구하려면 곱셈이 모두 n−1번 필요하다는 것을 알 수 있습니다.

따라서 반복문을 이용한 알고리즘이나 재귀 호출을 이용한 알고리즘의 계산 복잡도는 모두 O(n)입니다.

잠깐만요

재귀 호출의 일반적인 형태

재귀 호출을 이용해서 문제를 풀 때는 보통 다음과 같은 구조로 알고리즘을 만듭니다.

```
def func(입력 값):
    if 입력 값이 충분히 작으면:    # 종료 조건
        return 결괏값
    ...
    func(더 작은 입력 값)        # 더 작은 값으로 자기 자신을 호출
    ...
    return 결괏값
```

재귀 호출에는 종료 조건이 필요하다는 사실을 꼭 기억하세요. 종료 조건이 없으면 재귀 에러 (RecursionError)나 스택 오버플로(Stack Overflow) 등 프로그램 에러가 발생해 비정상적인 동 작을 할 수도 있습니다.

4-1 문제 1의 1부터 n까지의 합 구하기를 재귀 호출로 만들어 보세요.

4-2 문제 2의 숫자 n개 중에서 최댓값 찾기를 재귀 호출로 만들어 보세요.

최대공약수 구하기

ALGORITHMS FOR EVERYONE

두 자연수 a와 b의 최대공약수를 구하는 알고리즘을 만들어 보세요.

최대공약수(Greatest Common Divisor, GCD)는 두 개 이상의 정수의 공통 약수 중에서 가장 큰 값을 의미합니다.

문제로 주어진 두 자연수의 최대공약수를 찾으려면 ①두 수의 **약수** 중에서 ②**공**통된 것을 찾아 ③그 값 중 **최댓**값인 것을 찾아야 합니다. 3단계 중 밑줄 친 약수, 공, 최대라는 단어를 역순으로 읽으면 '최대공약수'라는 단어가 만들어집니다.

1 최대공약수 알고리즘

최대공약수의 성질을 떠올리면서 다음 알고리즘을 생각해 봅시다.

1 | 두 수 중 더 작은 값을 i에 저장합니다.

2 | i가 두 수의 공통된 약수인지 확인합니다.

3 | 공통된 약수이면 이 값을 결괏값으로 돌려주고 종료합니다.

4 | 공통된 약수가 아니면 i를 1만큼 감소시키고 2번으로 돌아가 반복합니다(1은 모든 정수의 약수이므로 i가 1이 되면 1을 결괏값으로 돌려주고 종료합니다).

예를 들어 4와 6의 최대공약수를 찾으려면 다음과 같은 과정을 거칩니다.

1 | i에 4를 저장합니다(4와 6 중 작은 값인 4가 최대공약수 후보 중 가장 큰 값).

2 | 4는 i로 나누어떨어지지만, 6은 나누어떨어지지 않습니다.

60   모두의 알고리즘 with 파이썬

3 | i를 1만큼 감소시켜 3으로 만듭니다.

4 | 4는 i로 나누어떨어지지 않습니다.

5 | i를 1만큼 감소시켜 2로 만듭니다.

6 | 4도 i로 나누어떨어지고 6도 i로 나누어떨어지므로 i 값 2가 최대공약수입니다.

이 알고리즘을 프로그램으로 만들면 다음과 같습니다.

최대공약수를 구하는 알고리즘

프로그램 5-1

● **예제 소스** p05-1-gcd.py

```python
# 최대공약수 구하기
# 입력: a, b
# 출력: a와 b의 최대공약수


def gcd(a, b):
    i = min(a, b)    # 두 수 중에서 최솟값을 구하는 파이썬 함수
    while True:
        if a % i == 0 and b % i == 0:
            return i
        i = i - 1    # i를 1만큼 감소시킴


print(gcd(1, 5))     # 1
print(gcd(3, 6))     # 3
print(gcd(60, 24))   # 12
print(gcd(81, 27))   # 27
```

> **TIP**
> a % i == 0에서 %는 나머지를 구하는 연산자입니다. 즉, a를 i로 나누었을 때 나머지가 0이면 a는 i로 나누어떨어진다는 의미입니다.

```
1
3
12
27
```

2 유클리드 알고리즘

프로그램 5-1은 최대공약수의 정의에 충실할 뿐만 아니라 직관적인 최대공약수 알고리즘입니다. 이번에는 유클리드가 발견한 최대공약수의 성질을 이용하는 다른 알고리즘을 살펴보겠습니다.

수학자로 유명한 유클리드(Euclid)는 최대공약수에 다음과 같은 성질이 있다는 것을 발견하였습니다.

- a와 b의 최대공약수는 'b'와 'a를 b로 나눈 나머지'의 최대공약수와 같습니다. 즉, gcd(a, b) = gcd(b, a % b)입니다.
- 어떤 수와 0의 최대공약수는 자기 자신입니다. 즉, gcd(n, 0) = n입니다.

이해를 돕기 위해서 두 가지 예를 유클리드의 방식으로 풀어 보겠습니다. 하나는 60과 24의 최대공약수를 구하는 것이고, 다른 하나는 81과 27의 최대공약수를 구하는 것입니다.

gcd(60, 24) = gcd(24, 60 % 24) = gcd(24, 12) = gcd(12, 24 % 12) = gcd(12, 0) = 12
gcd(81, 27) = gcd(27, 81 % 27) = gcd(27, 0) = 27

신기하게도 최대공약수 문제가 몇 번만 계산했을 뿐인데 풀리는 것을 확인할 수 있습니다. 그런데 풀이 과정을 유심히 살펴보면 어떤 두 수의 최대공약수를 구하기 위해 다시 다른 두 수의 최대공약수를 구하고 있는 것을 알 수 있습니다. 이것이 바로 '재귀 호출'로 이 문제를 풀 수 있다는 힌트입니다.

이 문제는 a와 b의 최대공약수를 구하기 위해서 (a, b)보다 좀 더 작은 숫자인 (b, a % b)의 최대공약수를 구하는 과정을 이용하는 전형적인 재귀 호출 문제입니다 (좀 더 작은 값으로 자기 자신을 호출합니다).

그렇다면 재귀 호출이 무한히 반복되지 않도록 하는 데 필요한 종료 조건은 무엇일까요? 바로 '어떤 수와 0의 최대공약수는 자기 자신'이라는 성질입니다. 이 성질이 종료 조건을 만들어 냅니다. 즉, b가 0이면 재귀 호출을 멈추고 결과를 돌려줍니다.

유클리드 알고리즘을 이용해 최대공약수를 구하는 프로그램을 만들면 다음과 같습니다.

유클리드 방식을 이용해 최대공약수를 구하는 알고리즘 　프로그램 5-2

● **예제 소스** p05-2-gcd.py

```python
# 최대공약수 구하기
# 입력: a, b
# 출력: a와 b의 최대공약수

def gcd(a, b):
    if b == 0:              # 종료 조건
        return a
    return gcd(b, a % b)    # 좀 더 작은 값으로 자기 자신을 호출

print(gcd(1, 5))           # 1
print(gcd(3, 6))           # 3
print(gcd(60, 24))         # 12
print(gcd(81, 27))         # 27
```

```
1
3
12
27
```

프로그램 5-2를 보면 단 세 줄밖에 되지 않는 gcd( ) 함수로 최대공약수를 구할 수 있는데 이것이 바로 재귀 호출의 매력입니다. 자기가 자기를 부르는 과정, 즉 꼬리에 꼬리를 무는 함수 호출은 처음에는 다소 혼란스럽지만, 한 번 익혀 두면 여러 가지 문제를 굉장히 단순하게 풀 수 있도록 하는 강력한 무기가 됩니다.

종이와 연필을 꺼내서 재귀 호출로 문제를 푸는 과정을 다음과 같이 직접 적어 보면 재귀 호출이 조금 더 익숙해질 것입니다.

```
gcd(60, 24)
  → gcd(24, 12)
      → gcd(12, 0)
          → 12 (b가 0이므로 종료 조건)
      → 12
  → 12 (최종 결과)
```

복잡한 재귀 호출을 알 것도 같고 모를 것도 같다고요? 컴퓨터 과학의 고전 문제라 불리는 '하노이의 탑' 문제를 통해서 재귀 호출을 한 번 더 연습해 보겠습니다.

... 잠깐만요

재귀 호출의 이해를 돕는 방법

자기가 자기를 호출한다는 개념을 이해했더라도 막상 재귀 호출 프로그램을 보면 머릿속이 혼란스러울 때가 많습니다. 그럴 때는 다음 방법을 이용해 보세요.

① 종이에 직접 함수 호출 과정을 적어 보세요. 함수가 호출될 때마다 안쪽으로 들여 쓰고, 값이 반환되면 다시 바깥쪽으로 돌아가는 식으로 과정을 적다 보면 중첩된 함수 호출을 이해하는 데 도움이 됩니다(64쪽에서 본 60과 24의 최대공약수를 구하는 과정을 참조하세요).

② 예제로 사용할 입력 값은 작은 것이 좋습니다. 일단 종료 조건에 해당하는 값을 입력으로 넣은 다음 차차 입력 값을 높이면서 재귀 호출 과정을 따라가 보세요.

③ 함수의 입력 값을 화면에 출력하는 것도 도움이 됩니다. 예를 들어 gcd(a, b) 함수에 print() 함수를 추가한 다음 gcd(60, 24)를 실행하면 gcd(a, b) 함수가 연속해서 실행되는 과정을 직접 확인할 수 있습니다.

```
def gcd(a, b):
    print("gcd: ", a, b)    # 함수 호출을 입력(인자) 값과 함께 화면에 표시
    if b == 0:              # 종료 조건
        return a
    return gcd(b, a % b)
```

```
gcd: 60 24
gcd: 24 12
gcd: 12 0
12
```

**연습
문제**

5-1 0과 1부터 시작해서 바로 앞의 두 수를 더한 값을 다음 값으로 추가하는 방식으로 만든 수열을 피보나치 수열이라고 합니다. 즉, 0+1=1, 1+1=2, 1+2=3이므로 피보나치 수열은 다음과 같습니다.

0, 1, 1, 2, 3, 5, 8, 13, 21, 34, 55 …

피보나치 수열이 파이썬의 리스트처럼 0번부터 시작한다고 가정할 때 n번째 피보나치 수를 구하는 알고리즘을 재귀 호출을 이용해서 구현해 보세요(힌트: 7번 값 = 5번 값 + 6번 값).

문제 06 하노이의 탑 옮기기

ALGORITHMS FOR EVERYONE

원반이 n개인 하노이의 탑을 옮기기 위한 원반 이동 순서를 출력하는 알고리즘을 만들어 보세요.

수학과 컴퓨터 과학에서 굉장히 유명한 문제 중 하나인 '하노이의 탑'을 알아보고 재귀 호출을 이용해 이 문제를 풀어 보겠습니다.

1 하노이의 탑

하노이의 탑(Tower of Hanoi)은 간단한 원반(disk) 옮기기 퍼즐입니다. 규칙을 설명하기 전에 그림 6-1을 봅시다.

그림 6-1
하노이의 탑
(출처: https://
en.wikipedia.org/
wiki/Tower_of_
Hanoi)

그림만 봐도 대강 규칙이 떠오르지 않나요?

하노이의 탑에는 크기가 다른 원반이 n개 있고 원반을 끼울 수 있는 기둥이 세 개 있습니다. 하노이의 탑 문제는 어떻게 하면 원반 n개를 모두 가장 왼쪽 기둥(출발점, 즉 1번 기둥)에서 오른쪽 기둥(도착점, 즉 3번 기둥)으로 옮길 수 있을까 하는 문제입니다.

단, 하노이의 탑을 옮길 때는 세 가지 제약 사항이 있습니다. 원반은 한 번에 한 개씩만 옮길 수 있고, 각 기둥 맨 위의 원반을 다른 기둥의 맨 위로만 움직여야 합니다. 옮기는 과정에서 큰 원반을 작은 원반 위에 올려서는 안 됩니다. 이 규칙을 지키면서 원반을 옮기려면 중간에 여분으로 주어진 보조 기둥(2번 기둥)을 잘 활용해야 합니다.

지금까지 설명한 하노이의 탑 규칙을 정리하면 다음과 같습니다.

- 크기가 다른 원반 n개를 출발점 기둥에서 도착점 기둥으로 전부 옮겨야 합니다.
- 원반은 한 번에 한 개씩만 옮길 수 있습니다.
- 원반을 옮길 때는 한 기둥의 맨 위 원반을 뽑아, 다른 기둥의 맨 위로만 옮길 수 있습니다(기둥의 중간에서 원반을 빼내거나 빼낸 원반을 다른 기둥의 중간으로 끼워 넣을 수 없습니다).
- 원반을 옮기는 과정에서 큰 원반을 작은 원반 위로 올릴 수 없습니다.

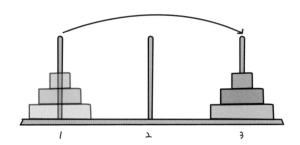

하노이의 탑에 있는 모든 원반을 출발점에서 도착점으로 옮겨야 함

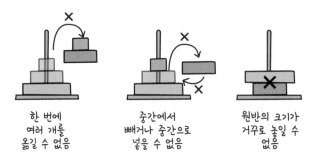

원반을 맨 위에서 하나씩만 꺼내서 옮겨야 한다는 제약이 없다면 원반을 한꺼번에 다 뽑아서 3번 기둥으로 옮기면 됩니다. 그리고 작은 원반 위에 큰 원반을 올릴 수 있다면 1번 기둥에 있는 원반을 하나씩 빼서 2번 기둥으로 다 옮긴 다음 다시 3번으로 옮기면 끝나는 간단한 문제입니다. 하지만 제약 사항을 지켜야 하므로 그렇게 간단히 끝나지는 않습니다.

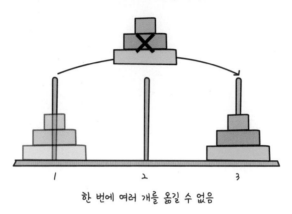

한 번에 여러 개를 옮길 수 없음

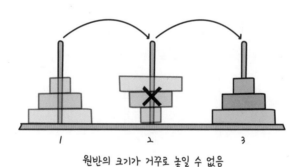

그림 6-3
하노이의 탑 규칙
제대로 이해하기

원반의 크기가 거꾸로 놓일 수 없음

규칙을 알았으므로 직접 하노이의 탑 놀이를 해 볼 차례입니다. 장난감으로 만들어진 예쁜 하노이의 탑 교재를 인터넷 쇼핑몰에서 살 수도 있지만, 단돈 661원만 있으면 하노이의 탑 교재를 간단히 만들어 실험할 수 있습니다.

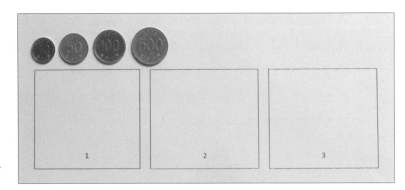

그림 6-4
661원 하노이의 탑
- 동전 네 개와 종이
한 장(1원?)으로 만든
하노이의 탑 교재

2 하노이의 탑 풀이

아무리 복잡한 문제라도 입력 크기가 작은 간단한 문제부터 차근차근 생각해 보면 아이디어가 떠오르기 마련입니다. 가장 간단한 원반 한 개 문제부터 풀어 보겠습니다. 동전을 한 개 꺼내서 직접 따라 해 보세요.

■ 원반이 한 개일 때

1번 기둥에 있는 원반을 3번 기둥으로 옮기면 끝납니다(1 → 3).

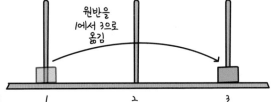

그림 6-5
원반을 1에서 3으로 옮김

단 한 번 만에 원하는 곳으로 원반을 옮겼습니다.

■ 원반이 두 개일 때

① 1번 기둥의 맨 위에 있는 원반을 2번 기둥으로 옮깁니다(1 → 2).

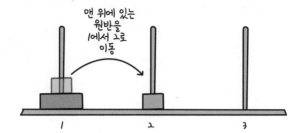

그림 6-6
맨 위의 원반을
1에서 2로 이동

② 1번 기둥에 남아 있는 큰 원반을 3번 기둥으로 옮깁니다(1 → 3).

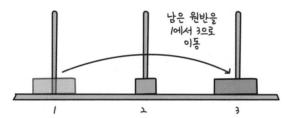

그림 6-7
남은 원반을
1에서 3으로 이동

③ 2번 기둥에 남아 있는 원반을 3번 기둥으로 옮깁니다(2 → 3).

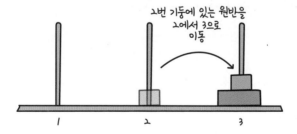

그림 6-8
2번 기둥의 원반을
2에서 3으로 이동

세 번 만에 원반 두 개를 원하는 곳으로 옮겼습니다.

■ 원반이 세 개일 때

원반이 세 개일 때부터는 조금 더 생각을 해야 합니다. 원반이 세 개인 문제를 풀기 전에 원반이 두 개인 문제를 이미 풀었다는 사실을 꼭 기억해야 합니다. 즉, 우리는 특정 기둥에 있는 원반 두 개를 우리가 원하는 기둥으로 옮기는 방법을 이미 알고 있다는 것입니다.

❶ 1번 기둥에 있는 원반 세 개 중에 위에 있는 원반 두 개를 비어 있는 2번 기둥(보조 기둥)으로 옮깁니다. 하노이의 탑 규칙에 따르면 한 번에 원반을 두 개씩 옮길 수 없다고 했지만, 우리는 이미 원반이 두 개일 때 하노이의 탑을 푸는 방법을 알고 있으니 그 방법을 그대로 적용하면 됩니다. 3번 기둥을 보조 기둥으로 사용하여 1번 기둥에 있는 원반 두 개를 2번 기둥으로 옮기는 문제이므로 1 → 3, 1 → 2, 3 → 2 순서로 옮기면 됩니다(실제로 원반은 세 번 이동합니다).

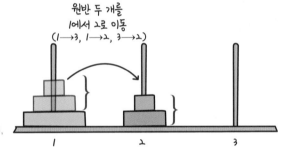

그림 6-9
원반 두 개를
1에서 2로 이동(1 → 3,
1 → 2, 3 → 2)

❷ 1번 기둥에 남아 있는 큰 원반을 3번 기둥으로 옮깁니다(1 → 3).

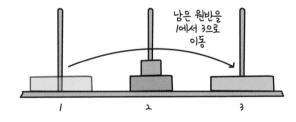

그림 6-10
남은 원반을
1에서 3으로 이동

③ 이번에는 2번 기둥에 있는 원반 두 개를 3번 기둥으로 옮깁니다. 비어 있는 1번 기둥을 보조 기둥으로 활용하여 2번 기둥에 있는 원반 두 개를 3번 기둥으로 옮기는 문제입니다. $2 \rightarrow 1, 2 \rightarrow 3, 1 \rightarrow 3$ 순서로 이동합니다(실제로 원반은 세 번 이동합니다).

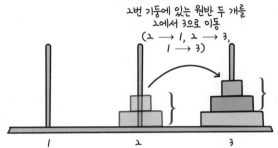

그림 6-11
2번 기둥의 원반 두 개를 3번으로 이동($2 \rightarrow 1$, $2 \rightarrow 3$, $1 \rightarrow 3$)

정리하면 원반을 한 개씩 전부 일곱 번 옮기면 문제가 해결됩니다($3 + 1 + 3 = 7$).

이렇게 원반 세 개를 옮기는 과정을 살펴보고 나니 일반적인 경우에 대해서도 어느 정도 감이 생깁니다. 원반이 n개일 때 역시 다음과 같이 생각할 수 있습니다.

■ 원반이 n개일 때

① 1번 기둥에 있는 n−1개 원반을 2번 기둥으로 옮깁니다(n−1개짜리 하노이의 탑 문제 풀기).

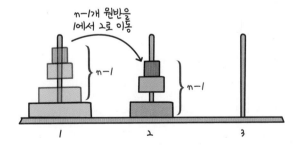

그림 6-12
n−1개 원반을 1에서 2로 이동

2 1번 기둥에 남아 있는 가장 큰 원반을 3번 기둥으로 옮깁니다(1 → 3).

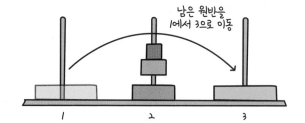

3 2번 기둥에 있는 n−1개 원반을 3번 기둥으로 옮깁니다(n−1개짜리 하노이의 탑 문제 풀기).

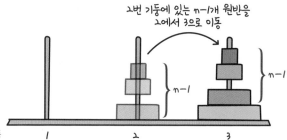

 ## 하노이의 탑 알고리즘

자, 원반 n개를 옮기는 경우까지 모두 이해가 되나요? 하노이의 탑 옮기기 알고리즘을 자세히 적어 보면 다음과 같습니다.

1-Ⓐ 원반이 한 개면 그냥 옮기면 끝입니다(종료 조건).

1-Ⓑ 원반이 n개일 때

❶ 1번 기둥에 있는 n개 원반 중 n−1개를 2번 기둥으로 옮깁니다(3번 기둥을 보조 기둥으로 사용).

❷ 1번 기둥에 남아 있는 가장 큰 원반을 3번 기둥으로 옮깁니다.

❸ 2번 기둥에 있는 n−1개 원반을 다시 3번 기둥으로 옮깁니다(1번 기둥을 보조 기둥으로 사용).

원반이 한 개일 때가 바로 '종료 조건'에 해당합니다. 원반 n개 문제를 풀려면 n−1개 원반 문제를 풀어야 하는데, 이는 바로 '좀 더 작은 값으로 자기 자신을 호출'하는 과정입니다. 따라서 이 문제는 전형적인 재귀 호출 알고리즘에 해당합니다. 다음으로 프로그램 6−1을 볼까요?

하노이의 탑 알고리즘

프로그램 6−1

● **예제 소스** p06-1-hanoi.py

```python
# 하노이의 탑
# 입력: 옮기려는 원반의 개수 n
#      옮길 원반이 현재 있는 출발점 기둥 from_pos
#      원반을 옮길 도착점 기둥 to_pos
#      옮기는 과정에서 사용할 보조 기둥 aux_pos
# 출력: 원반을 옮기는 순서

def hanoi(n, from_pos, to_pos, aux_pos):
    if n == 1:  # 원반 한 개를 옮기는 문제면 그냥 옮기면 됨
        print(from_pos, "->", to_pos)
        return

    # 원반 n-1개를 aux_pos로 이동(to_pos를 보조 기둥으로)
    hanoi(n - 1, from_pos, aux_pos, to_pos)
    # 가장 큰 원반을 목적지로 이동
    print(from_pos, "->", to_pos)
    # aux_pos에 있는 원반 n-1개를 목적지로 이동(from_pos를 보조 기둥으로)
    hanoi(n - 1, aux_pos, to_pos, from_pos)

print("n = 1")
```

```
hanoi(1, 1, 3, 2)    # 원반 한 개를 1번 기둥에서 3번 기둥으로 이동(2번을 보조 기둥으로)
print("n = 2")
hanoi(2, 1, 3, 2)    # 원반 두 개를 1번 기둥에서 3번 기둥으로 이동(2번을 보조 기둥으로)
print("n = 3")
hanoi(3, 1, 3, 2)    # 원반 세 개를 1번 기둥에서 3번 기둥으로 이동(2번을 보조 기둥으로)
```

```
n = 1
1 -> 3
n = 2
1 -> 2
1 -> 3
2 -> 3
n = 3
1 -> 3
1 -> 2
3 -> 2
1 -> 3
2 -> 1
2 -> 3
1 -> 3
```

661원 하노이의 탑 교재를 꺼내 실행 결과에 출력된 대로 따라 하면서 정말 하노
이의 탑이 규칙에 맞게 옮겨지는지 꼭 확인해 보세요.

4 알고리즘 분석

프로그램 실행 결과를 한 번 유심히 살펴봅시다.

- 1층짜리 하노이의 탑: 원반을 한 번 이동
- 2층짜리 하노이의 탑: 원반을 세 번 이동
- 3층짜리 하노이의 탑: 원반을 일곱 번 이동

입력 크기, 즉 탑의 층수가 높을수록 원반을 더 많이 움직여야 한다는 것을 알 수 있습니다. 호기심이 있는 독자라면 4층과 5층으로 n 값을 바꿔서 프로그램을 실행해 보았을 것입니다(4층이면 열다섯 번, 5층이면 서른한 번 이동하라는 출력이 나옵니다).

그렇다면 n층짜리 하노이의 탑을 옮기려면 원반을 몇 번 움직여야 할까요?

n층짜리 하노이의 탑을 옮기려면 원반을 모두 $2^n - 1$번 옮겨야 합니다. 마찬가지로 n이 커지면 -1은 큰 의미가 없으므로 $O(2^n)$으로 표현할 수 있습니다. 이는 2를 n번 제곱한 값이므로 n이 커짐에 따라 값이 기하급수적으로 증가합니다.

얼마나 커지는지 궁금하다고요? 놀라지 마세요.

원반 하나를 옮기는 데 1초가 걸린다고 가정하고 잠시도 쉬지 않고 원반을 옮길 때, 20층짜리 하노이의 탑을 옮기려면 열이틀이 넘게 걸립니다. 30층짜리 하노이 탑을 옮기려면 무려 34년간 먹지도 쉬지도 않고 원반만 옮겨야 합니다.

잠깐만요

지금까지 살펴본 계산 복잡도

- $O(1)$: n과 무관하게 일정한 시간이 걸림
- $O(n)$: n과 비례하여 계산 시간이 증가함
- $O(n^2)$: n의 제곱에 비례하여 계산 시간이 증가함
- $O(2^n)$: 2의 n 제곱에 비례하여 계산 시간이 증가함

위에서 아래로 갈수록 계산 복잡도가 증가합니다. 참고로 12장 끝에 있는 '잠깐만요'에서는 각 계산 복잡도를 한눈에 비교할 수 있도록 그래프로 정리해서 다시 설명합니다(126쪽 참고).

6-1 재귀 호출의 원리는 컴퓨터 그래픽에서도 많이 사용됩니다. 다음 그림은 모두 재귀 호출을 이용해서 만든 컴퓨터 그래픽입니다.

재귀 호출로 어떻게 이런 그림을 그릴 수 있을지 상상해 보고 부록 D에 있는 '재 귀 호출을 이용한 그림 그리기' 부분을 읽어 보세요.

탐색과
정렬

탐색은 여러 개의 자료 중에서 원하는 것을 찾아내는 것을 말합니다. 정렬은 주어진 자료를 순서에 맞춰 나열하는 것을 말합니다. 탐색과 정렬은 알고리즘에서 굉장히 중요한 기초 개념이므로 제대로 공부해 두기 바랍니다.

순차 탐색

주어진 리스트에 특정한 값이 있는지 찾아 그 위치를 돌려주는 알고리즘을 만들어 보세요. 리스트에 찾는 값이 없다면 −1을 돌려줍니다.

이번 문제를 푸는 방법은 굉장히 간단합니다.

리스트에 있는 첫 번째 자료부터 하나씩 비교하면서 같은 값이 나오면 그 위치를 결과로 돌려주고, 리스트 끝까지 찾아도 같은 값이 나오지 않으면 −1을 돌려주면 됩니다.

이 방법은 '리스트 안에 있는 원소를 하나씩 순차적으로 비교하면서 탐색한다'고 하여 '순차 탐색(sequential search)*'이라고 부릅니다.

1 순차 탐색으로 특정 값의 위치 찾기

다음은 순차 탐색 알고리즘을 이용하여 주어진 리스트 [17, 92, 18, 33, 58, 5, 33, 42]에서 특정 값(18, 33, 900)을 찾아서 해당 위치 번호를 돌려주는 프로그램입니다.

순차 탐색 알고리즘  프로그램 7-1

● 예제 소스 p07-1-search.py

```
# 리스트에서 특정 숫자의 위치 찾기
# 입력: 리스트 a, 찾는 값 x
```

---

* 순차 탐색은 선형 탐색(linear search)이라고도 부릅니다.

```
# 출력: 찾으면 그 값의 위치, 찾지 못하면 -1

def search_list(a, x):
    n = len(a)                # 입력 크기 n
    for i in range(0, n):     # 리스트 a의 모든 값을 차례로
        if x == a[i]:         # x 값과 비교하여
            return i          # 같으면 위치를 돌려줍니다.

    return -1                 # 끝까지 비교해도 없으면 -1을 돌려줍니다.

v = [17, 92, 18, 33, 58, 7, 33, 42]
print(search_list(v, 18))    # 2(순서상 세 번째지만, 위치 번호는 2)
print(search_list(v, 33))    # 3(33은 리스트에 두 번 나오지만 처음 나온 위치만 출력)
print(search_list(v, 900))   # -1(900은 리스트에 없음)
```

실행 결과

```
2
3
-1
```

알아 보기

주어진 리스트 v에서 18을 순차 탐색으로 어떻게 찾는지 그림 7-1을 볼까요?

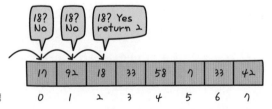

그림 7-1
리스트에서 18을 순차 탐색으로 찾는 과정

첫 번째 값(위치 번호는 0)인 17부터 차례로 비교하면서 18을 찾으면 해당 위치 번호인 2를 돌려줍니다(return i).

만약 900과 같이 리스트에 없는 자료를 입력으로 넣을 경우 어떻게 될까요? 그림 7-2와 같이 리스트의 끝까지 차례로 비교해도 900과 같은 값이 없으므로 −1을 돌려줍니다(return −1).

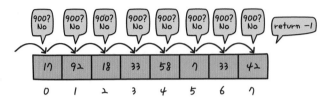

2 알고리즘 분석

순차 탐색 알고리즘으로 원하는 값을 찾으려면 비교를 몇 번 해야 할까요? 이 질문은 답하기가 약간 모호합니다. 왜냐하면 경우에 따라 다르기 때문입니다. 찾는 값이 리스트의 맨 앞에 있다면 단 한 번만 비교해도 결과를 얻을 수 있습니다. 하지만 찾는 값이 리스트의 마지막에 있거나 아예 없다면 리스트의 끝까지 하나하나 비교해야 합니다.

이처럼 경우에 따라 계산 횟수가 다를 때는 최선의 경우, 평균적인 경우, 최악의 경우로 나누어 각각 계산 복잡도를 생각해 보기도 합니다. 물론 어느 경우든 나름대로 의미가 있지만, 최악의 경우를 분석하면 어떤 경우라도 그보다는 빨리 계산할 수 있을 것입니다. 따라서 보수적인 관점에서 이 알고리즘을 최악의 경우로 분석해 보면 비교가 최대 n번 필요하고 계산 복잡도는 O(n)입니다.

즉, 순차 탐색으로 스무 개의 자료 중에서 어떤 값을 찾으려면 비교를 최대 스무 번 해야 하고, 백 개의 자료라면 비교를 최대 백 번 해야 합니다. 십만 개의 자료 중에 특정 값을 찾아야 한다면 어떨까요? 얘기를 조금 바꿔 십만 단어가 수록된 국어사전에서 어떤 단어를 찾기 위해 사전의 첫 장부터 차례로 십만 번 단어를 비교해야 한다거나, 우리나라 국민 한 명을 주민등록번호로 찾기 위해 주민등록번호를 오천만 번 비교해야 한다면 어떨까요? 자료 한 개를 찾는 데 엄청난 횟수의 비교가 필요하다는 사실이 이제 감이 올 것입니다.

하지만 다행히도 우리는 사전의 첫 장부터 한 장씩 넘기면서 원하는 단어를 찾지 않습니다. 사전의 단어는 가나다순 혹은 알파벳순으로 '정렬'되어 있기 때문입니다. 다음 장에서는 정렬을 배워 보겠습니다.

7-1 프로그램 7-1은 리스트에 찾는 값이 여러 개 있더라도 첫 번째 위치만 결과로 돌려줍니다. 찾는 값이 나오는 모든 위치를 리스트로 돌려주는 탐색 알고리즘을 만들어 보세요. 찾는 값이 리스트에 없다면 빈 리스트인 [ ]를 돌려줍니다.

7-2 연습 문제 7-1 프로그램의 계산 복잡도는 무엇일까요?

7-3 다음과 같이 학생 번호와 이름이 리스트로 주어졌을 때 학생 번호를 입력하면 학생 번호에 해당하는 이름을 순차 탐색으로 찾아 돌려주는 함수를 만들어 보세요. 해당하는 학생 번호가 없으면 물음표(?)를 돌려줍니다. 참고로 학생 번호가 39번이면 "Justin", 14번이면 "John"을 돌려줍니다.

```
stu_no = [39, 14, 67, 105]
stu_name = ["Justin", "John", "Mike", "Summer"]
```

선택 정렬

주어진 리스트 안의 자료를 작은 수부터 큰 수 순서로 배열하는 정렬 알고리즘을 만들어 보세요.

이번 문제는 알고리즘 공부의 꽃이라 할 수 있는 정렬(sort) 문제입니다. 자료를 크기 순서대로 맞춰 일렬로 나열하는 것입니다. 이미 언급했듯이 사전은 단어를 가나다순 혹은 알파벳순으로 나열한 정렬의 굉장히 좋은 예입니다.

리스트에 들어 있는 숫자를 크기순으로 나열하는 정렬 알고리즘의 입출력은 다음과 같이 정리할 수 있습니다.

- 문제: 리스트 안에 있는 자료를 순서대로 배열하기
- 입력: 정렬할 리스트(예: [35, 9, 2, 85, 17])
- 출력: 순서대로 정렬된 리스트(예: [2, 9, 17, 35, 85])

'그냥 적당히 순서대로 적으면 되지 않나?'라는 생각이 들 수도 있습니다. 하지만 정렬 문제를 푸는 방법과 분석만 모아도 두꺼운 책이 한 권 나올 정도로 실제로는 다양한 정렬 알고리즘이 있으며 알고리즘에 따라 계산 복잡도나 특징도 다릅니다.

이 책에서는 수많은 정렬 알고리즘 가운데 다섯 가지를 살펴보겠습니다. 선택 정렬을 시작으로 정렬 알고리즘 공부를 시작해 보겠습니다.

- 선택 정렬(Selection sort) → 문제 8
- 삽입 정렬(Insertion sort) → 문제 9
- 병합 정렬(Merge sort) → 문제 10
- 퀵 정렬(Quicksort) → 문제 11
- 거품 정렬(Bubble sort) → 연습 문제 11-1

선택 정렬로 줄 세우기

자료를 정렬하는 컴퓨터 알고리즘을 살펴보기에 앞서, 운동장에 모인 학생을 키 순서에 맞춰 일렬로 줄 세우는 방법을 한 번 생각해 보겠습니다. 학교생활을 하면서 여러 번 경험해 봤을 법한 상황입니다. 머릿속으로 장면을 떠올려 보면서 다음 방법을 생각해 봅시다.

1 | 학생 열 명이 모여 있는 운동장에 선생님이 등장합니다.
2 | 선생님은 학생들을 둘러보며 키가 가장 작은 사람을 찾습니다. 키가 가장 작은 학생으로 '선택'된 민준이가 불려 나와 맨 앞에 섭니다. 민준이가 나갔으므로 이제 학생은 아홉 명 남았습니다.
3 | 이번에는 선생님이 학생 아홉 명 중 키가 가장 작은 성진이를 선택합니다. 선택된 성진이가 불려 나와 민준이 뒤로 줄을 섭니다.
4 | 이처럼 남아 있는 학생 중에서 키가 가장 작은 학생을 한 명씩 뽑아 줄에 세우는 과정을 반복하면 모든 학생이 키 순서에 맞춰 줄을 서게 됩니다.

그림 8-1
선택 정렬

'키 순서로 줄 세우기'는 대표적인 정렬 문제의 예입니다. 왜냐하면, 이 문제는 '학생의 키라는 자료 값을 작은 것부터 큰 순서로 나열하라'는 문제와 같은 말이기 때문입니다.

이 책에서는 선택 정렬, 삽입 정렬 등 여러 가지 정렬을 설명하면서, 각 정렬의 동작 원리를 간단히 설명하는 데 중점을 둔 '쉽게 설명한 정렬' 프로그램을 먼저 수록하였습니다.

쉽게 설명한 정렬 프로그램은 한마디로 효율성을 크게 고려하지 않고 정렬 방식이 어떤지를 단순히 보여 주기 위해 만든 참고용 프로그램입니다. '쉽게 설명한 정렬 알고리즘' 프로그램으로 각 정렬의 원리를 완전히 이해하고 나서, 이어지는 '일반적인 정렬 알고리즘' 프로그램으로 각 정렬의 원리를 복습하기 바랍니다.

- 쉽게 설명한 정렬 알고리즘: 정렬 원리를 이해하기 위한 참고용 프로그램

- 일반적인 정렬 알고리즘: 정렬 알고리즘을 정식으로 구현한 프로그램

2 쉽게 설명한 선택 정렬 알고리즘

선택 정렬의 원리를 쉽게 이해할 수 있도록 단순화한 파이썬 프로그램을 먼저 살펴보겠습니다.

쉽게 설명한 선택 정렬 알고리즘  프로그램 8-1

🔵 **예제 소스** p08-1-ssort.py

```
# 쉽게 설명한 선택 정렬
# 입력: 리스트 a
# 출력: 정렬된 새 리스트

# 주어진 리스트에서 최솟값의 위치를 돌려주는 함수
```

🔽

```
def find_min_idx(a):
    n = len(a)
    min_idx = 0
    for i in range(1, n):
        if a[i] < a[min_idx]:
            min_idx = i
    return min_idx


def sel_sort(a):
    result = []          # 새 리스트를 만들어 정렬된 값을 저장
    while a:             # 주어진 리스트에 값이 남아 있는 동안 계속
        min_idx = find_min_idx(a)    # 리스트에 남아 있는 값 중 최솟값의 위치
        value = a.pop(min_idx)       # 찾은 최솟값을 빼내어 value에 저장
        result.append(value)         # value를 결과 리스트 끝에 추가
    return result


d = [2, 4, 5, 1, 3]
print(sel_sort(d))
```

실행
결과

[1, 2, 3, 4, 5]

알아
보기

프로그램을 차근히 읽어 보면 앞에서 설명한 줄 서기 원리가 잘 녹아 있습니다.

1 | 리스트 a에 아직 자료가 남아 있다면 → while a:

2 | 남은 자료 중에서 최솟값의 위치를 찾습니다.

　　→ min_idx = find_min_idx(a)

3 │ 찾은 최솟값을 리스트 a에서 빼내어 value에 저장합니다.

→ value = a.pop(min_idx)

4 │ value를 result 리스트의 맨 끝에 추가합니다. → result.append(value)

5 │ 1번 과정으로 돌아가 자료가 없을 때까지 반복합니다.

이번에는 입력으로 주어진 리스트 [2, 4, 5, 1, 3]을 정렬하는 과정을 단계적으로 따져 보겠습니다. 종이와 연필을 준비하고 다음 과정을 직접 손으로 쓰면서 따라가 보세요. 알고리즘도 수학 문제처럼 직접 손으로 풀어 볼 때 제대로 이해되고 기억에 남습니다.

① 시작

a = [2 4 5 1 3] → 쉼표 생략

result = []

② a 리스트의 최솟값인 1을 a에서 빼내어 result에 추가합니다.

a = [2 4 5 3]

result = [1]

③ a에 남아 있는 값 중 최솟값인 2를 a에서 빼내어 result에 추가합니다.

a = [4 5 3]

result = [1 2]

④ a에 남아 있는 값 중 최솟값인 3을 같은 방법으로 옮깁니다.

a = [4 5]

result = [1 2 3]

⑤ a에 남아 있는 값 중 최솟값인 4를 같은 방법으로 옮깁니다.

a = [5]

result = [1 2 3 4]

⑥ a에 남아 있는 값 중 최솟값인 5를 같은 방법으로 옮깁니다.

a=[]

result = [1 2 3 4 5]

⑦ a가 비어 있으므로 종료합니다.

result = [1 2 3 4 5] ⟶ 최종 결과

3 일반적인 선택 정렬 알고리즘

앞의 과정이 잘 이해되었다면 선택 정렬의 원리를 좀 더 효율적으로 구현한 프로그램을 살펴봅시다. '일반적인 선택 정렬 알고리즘'은 입력으로 주어진 리스트 a 안에서 직접 자료의 위치를 바꾸면서 정렬시키는 프로그램입니다.

리스트 a에서 자료를 하나씩 빼낸 후 다시 result에 넣는 방식인 '쉽게 설명한 선택 정렬 알고리즘'보다 더 효율적으로 정렬할 수 있습니다. 구체적인 동작 과정은 연습 문제 8-1 풀이에서 설명하겠습니다.

일반적인 선택 정렬 알고리즘

프로그램 8-2

● 예제 소스 p08-2-ssort.py

```python
# 선택 정렬
# 입력: 리스트 a
# 출력: 없음(입력으로 주어진 a가 정렬됨)


def sel_sort(a):
    n = len(a)
    for i in range(0, n - 1):  # 0부터 n-2까지 반복
        # i번 위치부터 끝까지 자료 값 중 최솟값의 위치를 찾음
        min_idx = i
        for j in range(i + 1, n):
            if a[j] < a[min_idx]:
                min_idx = j
```

```
              # 찾은 최솟값을 i번 위치로
          a[i], a[min_idx] = a[min_idx], a[i]


d = [2, 4, 5, 1, 3]
sel_sort(d)
print(d)
```

실행
결과

```
[1, 2, 3, 4, 5]
```

잠깐만요

파이썬에서 두 자료 값 서로 바꾸기

리스트 안에서 두 자료 값의 위치를 서로 바꾸는 데 다음과 같은 문장이 사용되었습니다.

```
a[i], a[min_idx] = a[min_idx], a[i]
```

파이썬에서 두 변수의 값을 서로 바꾸려면 다음과 같이 쉼표를 이용해 변수를 뒤집어 표현하면
됩니다.
x, y = y, x

```
>>> x = 1
>>> y = 2
>>> x, y = y, x
>>> x
2
>>> y
1
```

4   알고리즘 분석

자료를 크기 순서로 정렬하려면 반드시 두 수의 크기를 비교해야 합니다. 따라서 정렬 알고리즘의 계산 복잡도는 보통 비교 횟수를 기준으로 따집니다.

선택 정렬의 비교 방법은 문제 3의 동명이인 찾기에서 살펴본, 리스트 안의 자료를 한 번씩 비교하는 방법과 거의 같습니다. 따라서 이 알고리즘은 비교를 총 $\frac{n(n-1)}{2}$번 해야 하는 계산 복잡도가 $O(n^2)$인 알고리즘입니다.

선택 정렬 알고리즘은 이해하기 쉽고 간단하여 많이 이용됩니다. 하지만 비교 횟수가 입력 크기의 제곱에 비례하는 시간 복잡도가 $O(n^2)$인 알고리즘이므로 입력 크기가 커지면 커질수록 정렬하는 데 시간이 굉장히 오래 걸립니다.

8-1 일반적인 선택 정렬 알고리즘을 사용해서 리스트 [2, 4, 5, 1, 3]을 정렬하는 과정을 적어 보세요.

8-2 프로그램 8–1과 8–2의 정렬 알고리즘은 숫자를 작은 수에서 큰 수 순서로 나열하는 오름차순 정렬이었습니다. 이 알고리즘을 큰 수에서 작은 수 순서로 나열하는 내림차순 정렬로 바꾸려면 프로그램의 어느 부분을 바꿔야 할까요?

> TIP **오름차순과 내림차순 정렬 예**
> • 오름차순 정렬의 예: 가나다순, 쇼핑몰에서 낮은 가격순으로 보기
> • 내림차순 정렬의 예: 시험 점수로 등수 구하기, 최신 뉴스부터 보기

삽입 정렬

리스트 안의 자료를 작은 수부터 큰 수 순서로 배열하는 정렬 알고리즘을 만들어 보세요.

이번 문제는 문제 8과 같습니다. 하지만 이번에는 삽입 정렬(Insertion sort)이라는 조금 다른 방법으로 문제를 풀어 보겠습니다.
문제를 풀기 전에 줄 서기부터 시작해 봅시다.

삽입 정렬로 줄 세우기

1│ 학생이 열 명 모인 운동장에 선생님이 등장합니다.

2│ 선생님은 열 명 중 제일 앞에 있던 승규에게 나와서 줄을 서라고 합니다. 승규가 나갔으니 이제 학생이 아홉 명 남았습니다.

3│ 이번에는 선생님이 준호에게 키를 맞춰 줄을 서라고 합니다. 준호는 이미 줄을 선 승규보다 자신이 키가 작은 것을 확인하고 승규 앞에 섭니다.

4│ 남은 여덟 명 중 이번에는 민성이가 뽑혀 줄을 섭니다. 민성이는 준호보다 크고 승규보다는 작습니다. 그래서 준호와 승규 사이에 공간을 만들어 줄을 섭니다(삽입).

5│ 마찬가지로 남은 학생을 한 명씩 뽑아 이미 줄을 선 학생 사이사이에 키를 맞춰 끼워 넣는 일을 반복합니다. 마지막 남은 학생까지 뽑아서 줄을 세우면 모든 학생이 제자리에 줄을 서게 됩니다.

그림 9-1
삽입 정렬

2 쉽게 설명한 삽입 정렬 알고리즘

삽입 정렬로 줄 세우는 방법을 떠올려 보면서 프로그램을 만들어 봅니다.

쉽게 설명한 삽입 정렬 알고리즘

프로그램 9-1

◉ **예제 소스** p09-1-isort.py

```python
# 쉽게 설명한 삽입 정렬
# 입력: 리스트 a
# 출력: 정렬된 새 리스트


# 리스트 r에서 v가 들어가야 할 위치를 돌려주는 함수
def find_ins_idx(r, v):
    # 이미 정렬된 리스트 r의 자료를 앞에서부터 차례로 확인하여
    for i in range(0, len(r)):
        # v 값보다 i번 위치에 있는 자료 값이 크면
        # v가 그 값 바로 앞에 놓여야 정렬 순서가 유지됨
        if v < r[i]:
            return i
    # 적절한 위치를 못 찾았을 때는
    # v가 r의 모든 자료보다 크다는 뜻이므로 맨 뒤에 삽입
    return len(r)
```

```python
def ins_sort(a):
    result = []       # 새 리스트를 만들어 정렬된 값을 저장
    while a:          # 기존 리스트에 값이 남아 있는 동안 반복
        value = a.pop(0)    # 기존 리스트에서 한 개를 꺼냄
        ins_idx = find_ins_idx(result, value)  # 꺼낸 값이 들어갈 적당한 위치 찾기
        result.insert(ins_idx, value)  # 찾은 위치에 값 삽입(이후 값은 한 칸씩 밀려남)
    return result


d = [2, 4, 5, 1, 3]
print(ins_sort(d))
```

[1, 2, 3, 4, 5]

알아
보기

프로그램이 동작하는 원리를 살펴보겠습니다.

1│ 리스트 a에 아직 자료가 남아 있다면 → while a:

2│ 남은 자료 중에 맨 앞의 값을 뽑아냅니다. → value = a.pop(0)

3│ 그 값이 result의 어느 위치에 들어가면 적당할지 알아냅니다.
   → ins_idx = find_ins_idx(result, value)

4│ 3번 과정에서 찾아낸 위치에 뽑아낸 값을 삽입합니다.
   → result.insert(ins_idx, value)

5│ 1번 과정으로 돌아가 자료가 없을 때까지 반복합니다.

이번에는 입력으로 주어진 리스트 [2, 4, 5, 1, 3]이 정렬되는 과정을 단계적으로 확인해 보겠습니다. 마찬가지로 종이와 연필을 준비하고 손으로 직접 쓰면서 따라가 보면 이해하는 데 도움이 될 것입니다.

① 시작
a = [2 4 5 1 3]
result = []

② a에서 2를 빼서 현재 비어 있는 result에 넣습니다.
a = [4 5 1 3]
result = [2]

③ a에서 4를 빼서 result의 2 뒤에 넣습니다(2 < 4).
a = [5 1 3]
result = [2 4]

④ a에서 5를 빼서 result의 맨 뒤에 넣습니다(4 < 5).
a = [1 3]
result = [2 4 5]

⑤ a에서 1을 빼서 result의 맨 앞에 넣습니다(1 < 2).
a = [3]
result = [1 2 4 5]

⑥ a에서 마지막 값인 3을 빼서 result의 2와 4 사이에 넣습니다(2 < 3 < 4).
a=[]
result = [1 2 3 4 5]

⑦ a가 비어 있으므로 종료합니다.
result = [1 2 4 5] → 최종 결과

프로그램 중간에 print 문을 적절히 추가하면 알고리즘이 진행되는 과정을 확인할 수 있어 알고리즘의 동작 원리를 파악하는 데 큰 도움이 됩니다.

예를 들어 ins_sort() 함수의 result.insert(ins_idx, value) 바로 다음 줄에 print(a, result)를 추가하면 다음과 같은 결과를 얻을 수 있습니다.

```
[4, 5, 1, 3] [2]
[5, 1, 3] [2, 4]
[1, 3] [2, 4, 5]
[3] [1, 2, 4, 5]
[] [1, 2, 3, 4, 5]
```

3 일반적인 삽입 정렬 알고리즘

이번에는 입력 리스트 안에서 직접 위치를 바꿔 정렬하는 삽입 정렬 프로그램을 살펴보겠습니다. 구체적인 동작 과정은 연습 문제 9-1 풀이에서 설명하겠습니다.

일반적인 삽입 정렬 알고리즘
프로그램 9-2

◉ 예제 소스 p09-2-isort.py

```python
# 삽입 정렬
# 입력: 리스트 a
# 출력: 없음(입력으로 주어진 a가 정렬됨)

def ins_sort(a):
    n = len(a)
    for i in range(1, n):        # 1부터 n-1까지
        key = a[i]      # i번 위치에 있는 값을 key에 저장
```

```
        # j를 i 바로 왼쪽 위치로 저장
        j = i - 1
        # 리스트의 j번 위치에 있는 값과 key를 비교해 key가 삽입될 적절한 위치를 찾음
        while j >= 0 and a[j] > key:
            a[j + 1] = a[j]    # 삽입할 공간이 생기도록 값을 오른쪽으로 한 칸 이동
            j -= 1
        a[j + 1] = key    # 찾은 삽입 위치에 key를 저장


d = [2, 4, 5, 1, 3]
ins_sort(d)
print(d)
```

실행
결과

```
[1, 2, 3, 4, 5]
```

4 알고리즘 분석

삽입 정렬 알고리즘의 계산 복잡도는 조금 생각해 볼만 한 점이 있습니다. 최선
의 경우에 조금 독특한 결과가 나타나기 때문입니다. 삽입 정렬 알고리즘의 입력
으로 이미 정렬이 끝난 리스트, 예를 들어 [1, 2, 3, 4, 5]와 같은 리스트를 넣
어 주면 O(n)의 계산 복잡도로 정렬을 마칠 수 있습니다. 하지만 이런 경우는 특
별한 경우입니다.

일반적인 입력일 때 삽입 정렬의 계산 복잡도는 선택 정렬과 같은 O(n²)입니다.
따라서 선택 정렬과 마찬가지로 정렬할 입력 크기가 크면 정렬하는 데 시간이 굉
장히 오래 걸립니다.

삽입 정렬에 이어 문제 10과 11에서는 각각 병합 정렬과 퀵 정렬을 살펴보겠습니
다. 병합 정렬과 퀵 정렬은 재귀 호출을 이용하여 선택 정렬이나 삽입 정렬보다

더 빠르게 정렬할 수 있는 효과적인 알고리즘입니다. 하지만 원리를 한 번에 이해하기에는 약간 어려울 수 있습니다.

따라서 선택 정렬과 삽입 정렬을 공부하면서 어렵다고 느낀 사람은 108쪽 '잠깐만요'를 읽은 후 바로 '문제 12 이분 탐색(119쪽)'으로 넘어가도 괜찮습니다.

연습 문제

9-1 일반적인 삽입 정렬 알고리즘을 사용해서 리스트 [2, 4, 5, 1, 3]을 정렬하는 과정을 적어 보세요.

9-2 문제 9에서 설명한 정렬 알고리즘은 숫자를 작은 수에서 큰 수 순서로 나열하는 오름차순 정렬이었습니다. 이를 큰 수에서 작은 수 순서로 나열하는 내림차순 정렬로 바꾸려면 프로그램의 어느 부분을 바꿔야 할까요?

병합 정렬

ALGORITHMS FOR EVERYONE

리스트 안의 자료를 작은 수부터 큰 수 순서로 배열하는 정렬 알고리즘을 만들어 보세요.

재귀 호출이 처음에는 혼란스럽지만 알고리즘 문제 풀이에 굉장히 중요한 역할을 한다고 했던 것을 기억하나요? 드디어 재귀 호출을 사용해 정렬 문제를 더 빠르게 풀어 볼 차례입니다.

줄 세우기를 통해 병합 정렬(Merge sort) 과정을 생각해 보겠습니다.

병합 정렬로 줄 세우기

1│ 학생들에게 일일이 지시하는 것이 귀찮아진 선생님은 학생들이 알아서 줄을 설 수 있는 방법이 없을지 고민입니다. 열 명이나 되는 학생들에게 동시에 알아서 줄을 서라고 하면 너무 소란스러울 것 같아서, 다섯 명씩 두 조로 나누어 그 안에서 키 순서로 줄을 서라고 시켰습니다.

2│ 이제 선생님 앞에는 키 순서대로 정렬된 두 줄(중간 결과 줄)이 있습니다.

3│ 선생님은 각 줄의 맨 앞에 있는 두 학생 중에 키가 더 작은 민수를 뽑아 최종 결과 줄에 세웁니다. 그리고 다시 각 중간 결과 줄의 맨 앞에 있는 두 학생을 비교해 더 작은 학생을 최종 결과 줄의 민수 뒤에 세웁니다.

4│ 이 과정을 반복하다가 중간 결과 줄 하나가 사라지면 나머지 중간 결과 줄에 있는 사람을 전부 최종 결과 줄에 세웁니다.

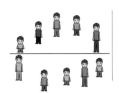

2 쉽게 설명한 병합 정렬 알고리즘

병합 정렬로 줄 세우는 방법을 떠올려 보면서 프로그램을 만들어 봅니다.

쉽게 설명한 병합 정렬 알고리즘  프로그램 10-1

◉ **예제 소스** p10-1-msort.py

```python
# 쉽게 설명한 병합 정렬
# 입력: 리스트 a
# 출력: 정렬된 새 리스트

def merge_sort(a):
    n = len(a)
    # 종료 조건: 정렬할 리스트의 자료 개수가 한 개 이하이면 정렬할 필요 없음
    if n <= 1:
        return a
    # 그룹을 나누어 각각 병합 정렬을 호출하는 과정
    mid = n // 2                  # 중간을 기준으로 두 그룹으로 나눔
    g1 = merge_sort(a[:mid])  # 재귀 호출로 첫 번째 그룹을 정렬
    g2 = merge_sort(a[mid:])  # 재귀 호출로 두 번째 그룹을 정렬
```

```
        # 두 그룹을 하나로 병합
        result = []                # 두 그룹을 합쳐 만들 최종 결과
        while g1 and g2:           # 두 그룹에 모두 자료가 남아 있는 동안 반복
            if g1[0] < g2[0]:      # 두 그룹의 맨 앞 자료 값을 비교
                # g1 값이 더 작으면 그 값을 빼내어 결과로 추가
                result.append(g1.pop(0))
            else:
                # g2 값이 더 작으면 그 값을 빼내어 결과로 추가
                result.append(g2.pop(0))
        # 아직 남아 있는 자료들을 결과에 추가
        # g1과 g2 중 이미 빈 것은 while을 바로 지나감
        while g1:
            result.append(g1.pop(0))
        while g2:
            result.append(g2.pop(0))
        return result

d = [6, 8, 3, 9, 10, 1, 2, 4, 7, 5]
print(merge_sort(d))
```

실행 결과

```
[1, 2, 3, 4, 5, 6, 7, 8, 9, 10]
```

알아 보기

병합 정렬 함수의 첫 부분이 바로 종료 조건입니다.

```
n = len(a)
if n <= 1:
    return a
```

입력으로 주어진 리스트 a의 크기가 1 이하이면, 즉 자료가 한 개뿐이거나 아예 비어 있다면 정렬할 필요가 없으므로 입력 리스트를 그대로 돌려주면서 재귀 호출을 끝냅니다.

다음은 전체 리스트를 절반으로 나눠 각각 재귀 호출로 병합 정렬하는 부분입니다.

```
mid = n // 2              # 두 그룹으로 나누기 위한 중간 값
g1 = merge_sort(a[:mid])  # 재귀 호출로 첫 번째 그룹을 정렬
g2 = merge_sort(a[mid:])  # 재귀 호출로 두 번째 그룹을 정렬
```

리스트의 자료 개수가 홀수일 때는 어떻게 절반으로 나눌까요?

n // 2는 리스트의 길이 n을 2로 나눈 몫이므로 n이 5와 같은 홀수라면 n // 2는 2가 됩니다. 즉, 자료가 두 개인 그룹과 세 개인 그룹으로 나눕니다. 참고로 a[:mid]는 리스트 a의 0번 위치부터 mid 위치 직전까지의 자료를 복사해서 새 리스트를 만드는 문장입니다. 또한, a[mid:]는 리스트 a의 mid 위치부터 끝까지의 자료를 복사해서 새 리스트를 만드는 문장입니다.

다음 예제를 보면 이해하는 데 도움이 될 것입니다.

```
>>> a = [1, 2, 3, 4, 5]
>>> mid = len(a) // 2
>>> mid
2
>>> a[:mid]
[1, 2]
>>> a[mid:]
[3, 4, 5]
```

어떤가요? 병합 정렬은 앞에서 배운 선택 정렬과 삽입 정렬보다 이해하기 어렵습니다. 정신을 바짝 차리고 리스트 [6, 8, 3, 9, 10, 1, 2, 4, 7, 5]를 병합 정렬하는 과정을 종이에 적으며 이해해 보세요.

① 숫자 열 개를 두 그룹(g1, g2)으로 나눕니다.
g1: [6 8 3 9 10]
g2: [1 2 4 7 5]

② 두 그룹을 각각 정렬합니다(재귀 호출 부분이므로 이 부분은 뒤에서 설명합니다. 일단 각 그룹을 정렬해 봅니다).
g1: [3 6 8 9 10]
g2: [1 2 4 5 7]

③ 이제 두 그룹을 합쳐 다시 한 그룹으로 만들겠습니다(병합).
두 그룹의 첫 번째 값을 비교하여 작은 값을 빼내 결과 리스트에 넣습니다. g1의 첫 번째 값은 3, g2의 첫 번째 값은 1이므로 1을 빼내 결과 리스트(result)에 넣습니다.
g1: [3 6 8 9 10]
g2: [2 4 5 7]
result: [1]

④ 두 그룹의 첫 번째 값을 비교하여 작은 값을 빼내 결과 리스트에 넣는 과정을 반복합니다. 이번에는 g2의 2가 뽑혀 정렬됩니다.
g1: [3 6 8 9 10]
g2: [4 5 7]
result: [1 2]

⑤ 이번에는 g1의 3이 뽑혀 정렬됩니다.
g1: [6 8 9 10]
g2: [4 5 7]
result: [1 2 3]

⑥ 이 과정을 반복하면 다음과 같이 한 그룹의 자료가 다 빠져나가 비어 있게 됩니다.
g1: [8 9 10]
g2: []
result: [1 2 3 4 5 6 7]

⑦ g2에는 자료가 없으므로 비교할 필요 없이 g1에 남아 있는 값을 전부 result로 옮기면 정렬이 끝납니다.

g1: []
g2: []
result: [1 2 3 4 5 6 7 8 9 10]

이 방법을 병합 정렬이라 부르는 이유는 이미 정렬된 두 그룹을 맨 앞에서부터
비교하면서 하나로 합치는 '병합(merge)' 과정이 정렬 알고리즘의 핵심이기 때문
입니다(③~⑦번 과정).

3 병합 정렬에서의 재귀 호출

병합 정렬에서 ②번 과정을 보면 두 그룹으로 나눈 자료를 각각 정렬합니다. 그
렇다면 나누어진 그룹은 어떤 정렬 알고리즘으로 정렬하는 걸까요?
바로 병합 정렬입니다. 병합 정렬을 하는 과정에서 나누어진 리스트를 다시 두
번의 병합 정렬로 정렬하는 것입니다.
이는 문제 6에서 살펴본, 원반이 n개인 하노이의 탑 문제를 풀기 위해 원반이
n−1개인 하노이의 탑 문제를 재귀 호출하는 것과 비슷합니다. 이렇게 어떤 문제
를 푸는 과정 안에서 다시 그 문제를 푸는 것이 바로 재귀 호출의 묘미입니다.
여기서 재귀 호출의 세 가지 요건을 다시 떠올려 봅시다.

1 | 함수 안에서 자기 자신을 다시 호출합니다.
2 | 재귀 호출할 때 인자로 주어지는 입력 크기가 작아집니다.
3 | 특정 종료 조건이 만족되면 재귀 호출을 종료합니다.

병합 정렬은 자료 열 개를 정렬하기 위해 자료를 다섯 개씩 두 그룹으로 나누어
병합 정렬 함수를 재귀 호출합니다. 즉, 요건 1, 2는 쉽게 확인할 수 있습니다.
그렇다면 종료 조건은 어떨까요? 병합 정렬의 입력 리스트에 자료가 한 개뿐이
거나 아예 자료가 없을 때는 정렬할 필요가 없으므로 입력 리스트를 그대로 돌려
주면서 재귀 호출을 끝내면 됩니다.

4 일반적인 병합 정렬 알고리즘

병합 정렬의 원리를 이해했다면 프로그램 10-2 일반적인 병합 정렬 알고리즘을 살펴보면서 복습해 보세요.

프로그램 10-1과 정렬 원리는 같지만, return 값이 없고 입력 리스트 안의 자료 순서를 직접 바꾼다는 차이가 있습니다.

일반적인 병합 정렬 알고리즘   프로그램 10-2

○ **예제 소스** p10-2-msort.py

```
# 병합 정렬
# 입력: 리스트 a
# 출력: 없음(입력으로 주어진 a가 정렬됨)

def merge_sort(a):
    n = len(a)
    # 종료 조건: 정렬할 리스트의 자료 개수가 한 개 이하이면 정렬할 필요가 없음
    if n <= 1:
        return
    # 그룹을 나누어 각각 병합 정렬을 호출하는 과정
    mid = n // 2        # 중간을 기준으로 두 그룹으로 나눔
    g1 = a[:mid]
    g2 = a[mid:]
    merge_sort(g1)      # 재귀 호출로 첫 번째 그룹을 정렬
    merge_sort(g2)      # 재귀 호출로 두 번째 그룹을 정렬
    # 두 그룹을 하나로 병합
    i1 = 0
    i2 = 0
```

```
        ia = 0
        while i1 < len(g1) and i2 < len(g2):
            if g1[i1] < g2[i2]:
                a[ia] = g1[i1]
                i1 += 1
                ia += 1
            else:
                a[ia] = g2[i2]
                i2 += 1
                ia += 1
        # 아직 남아 있는 자료들을 결과에 추가
        while i1 < len(g1):
            a[ia] = g1[i1]
            i1 += 1
            ia += 1
        while i2 < len(g2):
            a[ia] = g2[i2]
            i2 += 1
            ia += 1


d = [6, 8, 3, 9, 10, 1, 2, 4, 7, 5]
merge_sort(d)
print(d)
```

실행
결과

```
[1, 2, 3, 4, 5, 6, 7, 8, 9, 10]
```

5 알고리즘 분석

병합 정렬은 주어진 문제를 절반으로 나눈 다음 각각을 재귀 호출로 풀어 가는 방식입니다. 이처럼 큰 문제를 작은 문제로 나눠서(분할하여) 푸는(정복하는) 방법을 알고리즘 설계 기법에서는 '분할 정복(divide and conquer)'이라고 부릅니다. 입력 크기가 커서 풀기 어려웠던 문제도 반복해서 잘게 나누다 보면 굉장히 쉬운 문제(종료 조건)가 되는 원리를 이용한 것입니다. 분할 정복은 잘 활용하면 계산 복잡도가 더 낮은 효율적인 알고리즘을 만드는 데 도움이 됩니다.

분할 정복을 이용한 병합 정렬의 계산 복잡도는 $O(n \cdot \log n)$으로 선택 정렬이나 삽입 정렬의 계산 복잡도 $O(n^2)$보다 낮습니다. 따라서 정렬해야 할 자료의 개수가 많을수록 병합 정렬이 선택 정렬이나 삽입 정렬보다 훨씬 더 빠른 정렬 성능을 발휘합니다.

예를 들어 대한민국 국민 오천만 명을 생년월일 순서로 정렬한다고 생각해 봅시다. 입력 크기가 n=50,000,000일 때 n^2은 2,500조이고 $n \cdot \log n$은 약 13억입니다. 워낙 큰 숫자라 감이 잘 오지 않는다고요? 2,500조는 13억보다 무려 200만 배 정도 큰 숫자입니다. 이 사실을 알면 $O(n^2)$ 정렬 알고리즘과 $O(n \cdot \log n)$ 정렬 알고리즘의 계산 시간이 얼마나 많이 차이 나는지 짐작할 수 있을 것입니다.

10-1 프로그램 10-2에서 다룬 정렬 알고리즘은 숫자를 작은 수에서 큰 수 순서로 나열하는 오름차순 정렬이었습니다. 오름차순 정렬을 큰 수에서 작은 수 순서로 나열하는 내림차순 정렬로 바꾸려면 프로그램의 어느 부분을 바꿔야 할까요?

잠깐만요

로그

로그(log)를 이해하려면 먼저 지수(exponent)를 알아야 합니다.

$2^5=32$

위 식에서 2를 밑(base), 5를 지수(exponent)라고 합니다. 이 수는 2를 다섯 번 곱한 값이 32라는 뜻입니다.

$2 \times 2 \times 2 \times 2 \times 2 = 2^5 = 32$

이와 반대로 로그는 2를 몇 번 제곱해야 32가 되는지를 구하는 것입니다. 2를 다섯 번 곱하면 32가 되므로 이를 로그 식으로 표현하면 다음과 같습니다.

$\log_2 32 = 5$

마찬가지로 2의 10 제곱을 지수와 로그로 표현하면 다음과 같습니다.

$2^{10} = 1024 \quad \leftrightarrow \quad \log_2 1024 = 10$

로그를 표현할 때는 밑을 생략할 수도 있습니다. 컴퓨터 과학에서는 밑이 2일 때 2를 생략하거나 log를 줄여서 lg로 표현하기도 합니다.

$\log_2 1024 = \log 1024 = \lg 1024 = 10$

문제 11 퀵 정렬

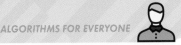
ALGORITHMS FOR EVERYONE

리스트 안의 자료를 작은 수부터 큰 수 순서로 배열하는 정렬 알고리즘을 만들어 보세요.

앞서 병합 정렬로 줄 세우기는 학생들을 일단 두 그룹으로 나눠 각각 병합 정렬을 한 후, 정렬된 두 그룹에 있는 학생들의 키를 다시 비교하여 한 줄로 합치는 (병합) 과정이었습니다.

이번에 배울 퀵 정렬(Quicksort)은 '그룹을 둘로 나눠 재귀 호출'하는 방식은 병합 정렬과 같지만, 그룹을 나눌 때 미리 기준과 비교해서 나눈다는 점이 다릅니다. 즉, 먼저 기준과 비교해서 그룹을 나눈 다음 각각 재귀 호출하여 합치는 방식입니다.

1 퀵 정렬로 줄 세우기

1│ 학생들에게 일일이 지시하는 것이 귀찮아진 선생님은 학생들이 알아서 줄을 서는 방법이 없을지 고민입니다. 그렇다고 열 명이나 되는 학생들에게 한 번에 알아서 줄을 서라고 하면 소란스러울 것 같아 조를 나누려고 합니다.

2│ 열 명 중에 기준이 될 사람을 한 명 뽑습니다. 기준으로 뽑은 태호를 줄 가운데 세운 다음 태호보다 키가 작은 학생은 태호 앞에, 태호보다 큰 학생은 태호 뒤에 서게 합니다(학생들은 태호하고만 키를 비교하면 됩니다).

3│ 기준인 태호는 가만히 있고, 태호보다 키가 작은 학생은 작은 학생들끼리, 큰 학생은 큰 학생들끼리 다시 키 순서대로 줄을 서면 줄 서기가 끝납니다.

그림 11-1
퀵 정렬

2 쉽게 설명한 퀵 정렬 알고리즘

퀵 정렬*은 언뜻 굉장히 어려워 보이지만, 차근히 생각하면 원리가 의외로 단순합니다. 이제 프로그램을 살펴보겠습니다.

쉽게 설명한 퀵 정렬 알고리즘 프로그램 11-1

● **예제 소스** p11-1-qsort.py

```python
# 쉽게 설명한 퀵 정렬
# 입력: 리스트 a
# 출력: 정렬된 새 리스트


def quick_sort(a):
    n = len(a)
    # 종료 조건: 정렬할 리스트의 자료 개수가 한 개 이하이면 정렬할 필요가 없음
    if n <= 1:
        return a
    # 기준 값을 정하고 기준에 맞춰 그룹을 나누는 과정
    pivot = a[-1]        # 편의상 리스트의 마지막 값을 기준 값으로 정함
    g1 = []              # 그룹 1: 기준 값보다 작은 값을 담을 리스트
    g2 = []              # 그룹 2: 기준 값보다 큰 값을 담을 리스트
    for i in range(0, n - 1):    # 마지막 값은 기준 값이므로 제외
        if a[i] < pivot:         # 기준 값과 비교
            g1.append(a[i])      # 작으면 g1에 추가
        else:
            g2.append(a[i])      # 크면 g2에 추가
```

---

* 퀵 정렬을 빠른 정렬이라고 번역하기도 합니다. 하지만 자칫 '속도가 빠른 정렬들'을 지칭하는 말로 오해할 수 있어 퀵 정렬로 번역하였습니다.

```
# 각 그룹에 대해 재귀 호출로 퀵 정렬을 한 후
# 기준 값과 합쳐 하나의 리스트로 결괏값 반환
return quick_sort(g1) + [pivot] + quick_sort(g2)

d = [6, 8, 3, 9, 10, 1, 2, 4, 7, 5]
print(quick_sort(d))
```

```
[1, 2, 3, 4, 5, 6, 7, 8, 9, 10]
```

퀵 정렬 함수 quick_sort()는 재귀 호출 함수이므로 병합 정렬과 마찬가지로 첫
부분에 종료 조건이 명시되어 있습니다.

먼저 입력으로 주어진 리스트 a의 크기가 1 이하이면, 즉 자료가 한 개뿐이거나
아예 비어 있다면 정렬할 필요가 없으므로 입력 리스트를 그대로 돌려주면서 재
귀 호출을 끝냅니다.

```
n = len(a)
if n <= 1:
    return a
```

또한, 퀵 정렬에서는 그룹을 나누기 위한 기준 값(pivot)이 필요합니다. 프로그램
11-1에서는 편의상 주어진 리스트의 맨 마지막 값을 기준 값으로 사용하였습니다.

```
pivot = a[-1]
```

다음 문장은 g1을 퀵 정렬한 결과에 기준 값과 g2를 퀵 정렬한 결과를 이어 붙여 새로운 리스트를 만들어 돌려주는 문장입니다.

```
return quick_sort(g1) + [pivot] + quick_sort(g2)
```

> **TIP**
>
> 두 개 이상의 리스트를 더하기로 연결하면 각 리스트 안의 자료를 순서대로 포함하는 새 리스트를 만들 수 있습니다. 다음 예제를 참고하세요.
>
> ```
> >>> [1, 2] + [3] + [4, 5]
> [1, 2, 3, 4, 5]
> ```

마찬가지로 리스트 [6, 8, 3, 9, 10, 1, 2, 4, 7, 5]를 퀵 정렬하는 과정을 직접 종이에 적으면서 과정을 이해해 보세요.

① 리스트에서 기준 값을 하나 정합니다. 이 책에서는 편의상 정렬할 리스트의 맨 마지막 값을 기준 값으로 정하였습니다.
[6 8 3 9 10 1 2 4 7 5]의 기준 값: 5

② 기준 값보다 작은 값을 저장할 리스트로 g1, 큰 값을 저장할 리스트로 g2를 만듭니다.

③ 리스트에 있는 자료들을 기준 값인 5와 차례로 비교하여 5보다 작은 값은 g1, 큰 값은 g2에 넣습니다. 예를 들어 6은 5보다 크므로 g2에 넣고, 그 다음 값인 8도 5보다 크므로 g2, 3은 5보다 작으므로 g1에 넣습니다.
기준 값: 5
g1: [3 1 2 4]
g2: [6 8 9 10 7]

④ 재귀 호출을 이용하여 g1을 정렬합니다. 함수 안에서 퀵 정렬을 재귀 호출하면서 문제를 풀어 [1 2 3 4]를 결과로 돌려줍니다.

⑤ 재귀 호출을 이용하여 g2를 정렬합니다. 마찬가지로 퀵 정렬로 문제를 풀어 [6 7 8 9 10]을 결과로 돌려줍니다.

⑥ 이제 g1에는 '기준보다 작은 값들'이 정렬되어 있고 g2에는 '기준보다 큰 값들'이 정렬되어 있습니다. 따라서 g1, 기준 값, g2를 순서대로 이어 붙이면 정렬이 완료됩니다.

[1 2 3 4] + [5] + [6 7 8 9 10] → [1 2 3 4 5 6 7 8 9 10]

⑦ 최종 결과: [1 2 3 4 5 6 7 8 9 10]

3 일반적인 퀵 정렬 알고리즘

쉽게 설명한 퀵 정렬 프로그램은 새로운 리스트 g1과 g2를 만들어 값을 분류하고, 결과 리스트도 새로 만들어 돌려줍니다. 이번에는 입력 리스트 안에서 직접 위치를 바꾸면서 정렬하는 일반적인 퀵 정렬을 살펴보겠습니다.

일반적인 퀵 정렬 알고리즘
프로그램 11-2

● 예제 소스 p11-2-qsort.py

```python
# 퀵 정렬
# 입력: 리스트 a
# 출력: 없음(입력으로 주어진 a가 정렬됨)
# 리스트 a에서 어디부터(start) 어디까지(end)가 정렬 대상인지
# 범위를 지정하여 정렬하는 재귀 호출 함수
def quick_sort_sub(a, start, end):
    # 종료 조건: 정렬 대상이 한 개 이하이면 정렬할 필요가 없음
    if end - start <= 0:
        return
    # 기준 값을 정하고 기준 값에 맞춰 리스트 안에서 각 자료의 위치를 맞춤
    # [기준 값보다 작은 값들, 기준 값, 기준 값보다 큰 값들]
    pivot = a[end]      # 편의상 리스트의 마지막 값을 기준 값으로 정함
    i = start
```

```
        for j in range(start, end):
            if a[j] <= pivot:
                a[i], a[j] = a[j], a[i]
                i += 1
        a[i], a[end] = a[end], a[i]
        # 재귀 호출 부분
        quick_sort_sub(a, start, i - 1) # 기준 값보다 작은 그룹을 재귀 호출로 다시 정렬
        quick_sort_sub(a, i + 1, end)    # 기준 값보다 큰 그룹을 재귀 호출로 다시 정렬

# 리스트 전체(0 ~ len(a)-1)를 대상으로 재귀 호출 함수 호출
def quick_sort(a):
    quick_sort_sub(a, 0, len(a) - 1)

d = [6, 8, 3, 9, 10, 1, 2, 4, 7, 5]
quick_sort(d)
print(d)
```

```
[1, 2, 3, 4, 5, 6, 7, 8, 9, 10]
```

4 기준 값의 중요성

줄 세우기에서 선생님이 기준으로 정한 학생이 하필이면 열 명 중 키가 가장 작은
학생이었다면 어떻게 될까요? 안타깝게도 기준보다 작은 그룹(g1)에는 학생이 한
명도 없고, 기준보다 큰 그룹(g2)에는 나머지 학생이 모두 모인 상황이 됩니다.
이렇게 되면 그룹을 둘로 나눈 의미가 없어져 퀵 정렬의 효율이 낮아집니다.

따라서 퀵 정렬에서는 '좋은 기준'을 정하는 것이 정렬의 효율성을 가늠하므로 굉장히 중요합니다. 다만, 좋은 기준을 정하는 방법은 이 책의 범위를 넘어서는 어려운 내용이므로 예제 프로그램에서는 간단히 자료의 마지막 값을 기준 값으로 사용하였습니다.

그림 11-2
기준을 잘못 정한 예 ①:
가장 작은 학생을
기준으로 잡은 경우

그림 11-3
기준을 잘못 정한 예 ②:
가장 큰 학생을
기준으로 잡은 경우

5 알고리즘 분석

퀵 정렬의 계산 복잡도는 최악의 경우 선택 정렬이나 삽입 정렬과 같은 $O(n^2)$이지만, 평균적일 때는 병합 정렬과 같은 $O(n \cdot \log n)$입니다.

최악의 경우란 그림 11-2나 11-3과 같이 기준을 잘못 정하여 그룹이 제대로 나뉘지 않았을 때입니다. 하지만 다행히도 좋은 기준 값을 정하는 알고리즘에 관해서는 이미 많이 연구가 되어 있기 때문에 퀵 정렬은 대부분의 경우 $O(n \cdot \log n)$으로 정렬을 마칠 수 있습니다.

연습
문제

11-1 지금까지 배운 네 가지 정렬 알고리즘 말고도 훨씬 많은 정렬 알고리즘이 있습니다. 그 중 하나인 거품 정렬(Bubble sort)을 줄 서기로 비유하면 다음과 같습니다. 다음 과정을 읽고 리스트 [2, 4, 5, 1, 3]이 정렬되는 과정을 알고리즘으로 적어 보세요.

1 | 일단 학생들을 아무렇게나 일렬로 줄을 세웁니다.

2 | 선생님이 맨 앞에서부터 뒤로 이동하면서 이웃한 앞뒤 학생의 키를 서로 비교합니다. 앞에 있는 학생의 키가 바로 뒤에 있는 학생보다 크면 두 학생의 자리를 서로 바꿉니다.

3 | 선생님은 계속 뒤로 이동하면서 이웃한 앞뒤 학생의 키를 비교해서 필요하면 앞뒤 학생의 위치를 서로 바꿉니다.

4 | 모든 학생이 키 순서대로 줄을 설 때까지 이 과정을 반복합니다(줄의 끝까지 확인하는 동안 자리를 바꾼 적이 한 번도 없으면 모든 학생이 순서대로 줄을 선 것입니다).

그림 11-4
거품 정렬

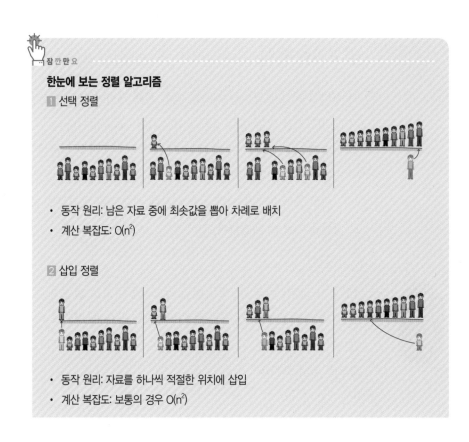

잠깐만요

한눈에 보는 정렬 알고리즘

1 선택 정렬

- 동작 원리: 남은 자료 중에 최솟값을 뽑아 차례로 배치
- 계산 복잡도: $O(n^2)$

2 삽입 정렬

- 동작 원리: 자료를 하나씩 적절한 위치에 삽입
- 계산 복잡도: 보통의 경우 $O(n^2)$

③ 병합 정렬

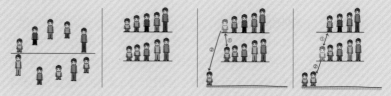

- 동작 원리: 그룹 나누기 → 그룹별로 각각 정렬(재귀 호출) → 병합
- 계산 복잡도: $O(n \cdot \log n)$

④ 퀵 정렬

- 동작 원리: 기준 선택 → 기준에 맞춰 그룹 나누기 → 그룹별로 각각 정렬(재귀 호출)
- 계산 복잡도: 보통의 경우 $O(n \cdot \log n)$

⑤ 거품 정렬

- 동작 원리: 앞뒤로 이웃한 자료를 비교 → 크기가 뒤집힌 경우 서로 위치를 바꿈
- 계산 복잡도: 보통의 경우 $O(n^2)$

※ 참고로 이 책에서는 정렬을 설명할 때 입력 리스트 안에 같은 값이 여러 개 있는 경우는 생각하지 않고 단순히 값을 '크다'와 '작다'로만 비교하여 설명하였습니다. 하지만 정렬 알고리즘을 구현한 예제 프로그램은 리스트 안에 같은 값이 여러 개 있더라도 제대로 된 정렬 결과를 보여 줍니다.

    예: 입력 [3, 2, 4, 5, 1, 3] → 출력 [1, 2, 3, 3, 4, 5]

잠깐만요

파이썬의 정렬

어렵게 정렬 알고리즘의 원리를 공부한 후에 들으면 다소 허무한 이야기지만, 파이썬, 자바, C#
과 같은 최신 컴퓨터 프로그래밍 언어는 대부분 정렬 기능을 내장하고 있습니다. 파이썬에서는
sort() 혹은 sorted() 함수를 이용하면 리스트를 쉽게 정렬할 수 있습니다. 사용 방법은 다음 실
행 결과를 참고하세요.

```
>>> sorted([5, 2, 3, 1, 4])
[1, 2, 3, 4, 5]

>>> a = [5, 2, 3, 1, 4]
>>> a.sort()
>>> a
[1, 2, 3, 4, 5]
```

sorted() 함수는 인자로 리스트를 주면 그 리스트를 정렬한 리스트를 새로 만들어 돌려줍니다.
반면에 sort() 함수는 새 리스트를 따로 만들지 않고 정렬 대상이 되는 리스트 자체의 순서를 바
꿔 줍니다. 기능은 같지만 약간 다르지요?

그렇다면 파이썬은 실제로 어떤 정렬 알고리즘으로 정렬을 하는 걸까요?

표준 파이썬 언어는 팀 피터스(Tim Peters)라는 사람이 만든 팀소트(Timsort)라는 알고리즘을 이
용해 정렬을 합니다. 팀소트는 우리가 이미 배운 병합 정렬과 삽입 정렬의 아이디어를 적절하게
섞어 만든 새로운 정렬 알고리즘으로 평균 계산 복잡도는 O(n · logn)입니다.

문제 12 이분 탐색

자료가 크기 순서대로 정렬된 리스트에서 특정한 값이 있는지 찾아 그 위치를 돌려주는 알고리즘을 만들어 보세요. 리스트에 찾는 값이 없으면 −1을 돌려줍니다.

이번 문제는 숫자가 여러 개 들어 있는 리스트에서 특정한 값이 있는 위치를 돌려주고, 리스트에 그 값이 없으면 −1을 결괏값으로 돌려주는 문제 7과 똑같습니다. 다만 이번에는 리스트의 자료가 순서대로 정렬되어 있으므로 훨씬 더 빠르게 탐색할 수 있습니다.

이분 탐색(Binary search)*의 이분(二分)은 '둘로 나눈다'는 뜻입니다. 탐색할 자료를 둘로 나누어 찾는 값이 있을 법한 곳만 탐색하기 때문에 자료를 하나하나 찾아야 하는 순차 탐색보다 원하는 자료를 훨씬 빨리 찾을 수 있습니다.

이분 탐색에 대해 자세히 알아보기 전에 일상생활에서 경험할 수 있는 탐색 문제를 몇 가지 생각해 보겠습니다.

 ## 일상생활 속의 탐색 문제

사람들은 일상생활 속에서 알게 모르게 굉장히 많은 탐색 문제를 풀면서 살아갑니다.

첫 번째 예로 두꺼운 책을 한 권 앞에 두고 특정한 쪽 수(예를 들어 618쪽)를 찾는 과정을 떠올려 봅시다.

---

* 이분 탐색은 이진 탐색이라고도 부릅니다.

1 | 우선 책의 중간쯤을 펼쳐 쪽 수를 보니 520쪽입니다.

2 | 찾고자 하는 쪽 수가 펼친 쪽 수보다 크므로(618 〉 520) 펼친 곳의 앞쪽은 더 이상 찾을 필요가 없습니다.

3 | 현재 펼친 곳에서 뒤쪽으로 적당해 보이는 곳을 다시 펼치니 710쪽입니다.

4 | 찾고자 하는 쪽 수가 펼친 쪽 수보다 작으므로(618 〈 710) 펼친 곳의 뒤쪽은 더 이상 찾을 필요가 없습니다.

5 | 이번에는 다시 앞쪽으로 책을 펼쳤더니 613쪽이 나옵니다.

6 | 찾으려는 쪽 수와 가까운 쪽까지 왔으니 이제 쪽을 한 장 한 장 뒤로 넘깁니다.

7 | 원하는 618쪽이 나오면 탐색을 멈춥니다.

그림 12-1
책에서 원하는 쪽을
찾는 과정

어떤가요? 실제로 우리가 이런 방식으로 책에서 원하는 쪽을 찾는다는 것에 공감이 되나요?

1~5번 과정, 즉 책을 적당히 펼쳐 쪽을 비교한 다음에 찾고자 하는 쪽이 있을 방향(앞인지 뒤인지)으로만 다시 탐색하는 과정이 바로 이분 탐색에 해당합니다. 한편, 찾으려는 쪽이 몇 쪽 남지 않았을 때 한 장씩 넘기면서 찾는 과정은 이미 문제 7에서 배운 적이 있는 순차 탐색과 비슷합니다. 신기하게 우리는 이미 이분 탐색과 순차 탐색 알고리즘을 동시에 응용하면서 원하는 쪽을 찾고 있었던 것입니다.

여기서 한 가지 놓치면 안 되는 사실이 있습니다. 책에서 특정한 쪽을 찾을 때 우리가 이분 탐색을 할 수 있었던 이유는 무엇일까요? 그것은 모든 책의 쪽 수가 1부터 빠짐없이 차례로 커지고 있었기 때문입니다. 즉, 책의 쪽 번호가 이미 정렬되어 있으므로 특정 쪽의 앞쪽을 찾아봐야 할지 뒤쪽을 찾아봐야 할지 바로 알 수 있는 것입니다.

일상생활 속에서 찾을 수 있는 이분 탐색의 또 다른 예를 볼까요?

굉장히 큰 호텔에서 원하는 방의 호수를 찾는 것 역시 탐색 문제입니다. 원하는 층에 도착해 엘리베이터에서 내리면 우리는 무의식적으로 찾는 방이 어느 쪽에 있는지 알려 주는 방 번호 안내 표지판부터 찾습니다.

그림 12-2
호텔 엘리베이터에서
내리면 볼 수 있는
방 번호 표지판

예를 들어 743호를 찾으려면 엘리베이터로 7층까지 올라간 다음 그림 12-2와 같은 표지판을 보고 오른쪽에 있는 방(751~799호)은 무시하고 왼쪽 복도로 걸어 갑니다. 이것이 바로 이분 탐색의 원리를 이용하여 탐색할 범위를 절반으로 줄인 예입니다. 왼쪽 복도로 걸어가면서 방문에 붙은 방 번호를 743과 하나하나 비교하는 과정은 순차 탐색에 해당합니다.

건축가가 건물을 지을 때 방 번호를 중구난방으로 정하지 않고 한 방향으로 정렬하여 일관되게 붙이는 이유는 사람들이 효율적으로 탐색할 수 있도록 도와주기 위해서입니다.

2 이분 탐색 알고리즘

다시 문제로 돌아와서 정렬된 리스트에서 특정 값을 찾으려면 어떻게 해야 할까요? 다음 예를 통해 이분 탐색의 원리를 배워 봅시다.

리스트: [1, 4, 9, 16, 25, 36, 49, 64, 81]
찾는 값: 36

1 | 먼저 전체 리스트의 중간 위치를 찾습니다. 위치 번호 4가 리스트의 중간 위치이고, 중간 위치 값은 25입니다.

2 | 찾는 값 36과 중간 위치 값을 비교합니다. 36 〉 25이므로 36이 리스트 안에 있다면 반드시 25의 오른쪽에 있어야 합니다. 즉, 리스트에서 25보다 오른쪽에 있는 값만 대상으로 생각하면 됩니다.

3 | 이제 [36, 49, 64, 81] 리스트에서 중간 위치를 찾습니다. 이 경우 49와 64의 한가운데가 중간 위치가 되는데, 두 자료 중 앞에 있는 값인 49를 중간 위치 값으로 뽑습니다.

4 | 찾는 값 36과 중간 위치 값 49를 비교합니다. 36 〈 49이므로 찾는 값 36은 처음에 비교한 값인 25보다는 오른쪽에 있고 49보다는 왼쪽에 있습니다.

5 | '25보다 오른쪽에 있고 49보다 왼쪽에 있는 값'은 한 개뿐이므로 위치 번호 5의 36이 중간 위치 값입니다.

6 | 찾는 값 36이 중간 위치 값과 같으므로 위치 번호 5를 결괏값으로 돌려주고 종료합니다.

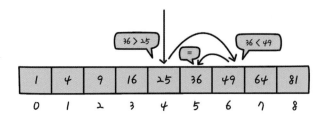

그림 12-3
이분 탐색으로 36을
찾는 과정

이분 탐색의 원리를 일반적으로 정리하면 다음과 같습니다.

1 │ 중간 위치를 찾습니다.

2 │ 찾는 값과 중간 위치 값을 비교합니다.

3 │ 같다면 원하는 값을 찾은 것이므로 위치 번호를 결괏값으로 돌려줍니다.

4 │ 찾는 값이 중간 위치 값보다 크다면 중간 위치의 오른쪽을 대상으로 다시 탐색합니다(1번 과정부터 반복).

5 │ 찾는 값이 중간 위치 값보다 작다면 중간 위치의 왼쪽을 대상으로 다시 탐색합니다(1번 과정부터 반복).

자료의 중간부터 시작해 찾을 값이 더 크면 오른쪽으로, 작으면 왼쪽으로 점프하며 자료를 찾습니다. 점프할 때마다 점프 거리는 절반씩 줄어듭니다.

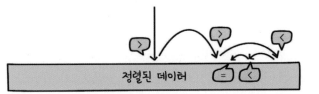

그림 12-4
이분 탐색의 과정

이분 탐색 알고리즘

프로그램 12-1

● **예제 소스** p12-1-bsearch.py

```python
# 리스트에서 특정 숫자 위치 찾기(이분 탐색)
# 입력: 리스트 a, 찾는 값 x
# 출력: 찾으면 그 값의 위치, 찾지 못하면 -1

def binary_search(a, x):
    # 탐색할 범위를 저장하는 변수 start, end
    # 리스트 전체를 범위로 탐색 시작(0 ~ len(a)-1)
```

```
        start = 0
        end = len(a) - 1

        while start <= end:               # 탐색할 범위가 남아 있는 동안 반복
            mid = (start + end) // 2       # 탐색 범위의 중간 위치
            if x == a[mid]:                # 발견!
                return mid
            elif x > a[mid]:               # 찾는 값이 더 크면 오른쪽으로 범위를 좁혀 계속 탐색
                start = mid + 1
            else:                          # 찾는 값이 더 작으면 왼쪽으로 범위를 좁혀 계속 탐색
                end = mid - 1

        return -1                          # 찾지 못했을 때

d = [1, 4, 9, 16, 25, 36, 49, 64, 81]
print(binary_search(d, 36))
print(binary_search(d, 50))
```

실행
결과

```
5
-1
```

 3 알고리즘 분석

이분 탐색은 값을 비교할 때마다 찾는 값이 있을 범위를 절반씩 좁히면서 탐색하는 효율적인 탐색 알고리즘입니다. 예를 들어 자료가 천 개 있을 때 원하는 자료를 찾는다고 생각해 보겠습니다. 순차 탐색은 최악의 경우에 자료 천 개와 모두 비교해야 하지만, 이분 탐색은 최악의 경우에도 자료 열 개와 비교하면 탐색을 마칠 수 있습니다($\log_2 1{,}000 \cong 9.966$).

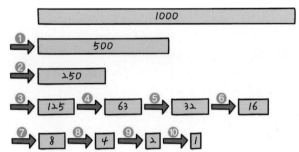

그림 12-5
이분 탐색으로 탐색
범위를 1까지 좁혀 가는
과정

이분 탐색의 계산 복잡도는 O(logn)으로, 순차 탐색의 계산 복잡도인 O(n)보다
훨씬 더 효율적입니다.

대한민국 전 국민 오천만 명 중에서 주민등록번호로 한 명을 찾는다고 해 볼까
요? 순차 탐색으로는 최악의 경우 주민등록번호가 같은지 오천만 번 비교해야
하지만(찾는 사람이 자료의 맨 마지막에 있을 때), 이분 탐색으로는 최악의 경우
라도 26명의 주민등록번호와 같은지 혹은 큰지를 비교하면 원하는 사람을 찾을
수 있습니다($\log_2 50,000,000 \cong 25.575$).

물론 이분 탐색을 가능하게 하려면 자료를 미리 정렬해 둬야 해서 번거로울 수 있
습니다. 하지만 필요한 값을 여러 번 찾아야 한다면 시간이 조금 걸리더라도 자료
를 한 번 정렬한 다음에 이분 탐색을 계속 이용하는 방법이 훨씬 효율적입니다.

연습
문제

12-1 다음 과정을 참고하여 재귀 호출을 사용한 이분 탐색 알고리즘을 만들어
보세요.

① 주어진 탐색 대상이 비어 있다면 탐색할 필요가 없습니다(종료 조건).

② 찾는 값과 주어진 탐색 대상의 중간 위치 값을 비교합니다.

③ 찾는 값과 중간 위치 값이 같다면 결괏값으로 중간 위치 값을 돌려줍니다.

④ 찾는 값이 중간 위치 값보다 크다면 중간 위치의 오른쪽을 대상으로 이분 탐
색 함수를 재귀 호출합니다.

⑤ 찾는 값이 중간 위치 값보다 작다면 중간 위치의 왼쪽을 대상으로 이분 탐색
함수를 재귀 호출합니다.

계산 복잡도 비교

앞에서 살펴본 계산 복잡도를 표현하는 대문자 O 표기법을 계산이 간단한 것에서 복잡한 것 순으로 정리해 보겠습니다.

① O(1): 입력 크기 n과 계산 복잡도가 무관할 때

  예) 계산 공식 n(n+1)/2를 이용한 1부터 n까지의 합(문제 1)

② O(logn): 입력 크기 n의 로그 값에 비례하여 계산 복잡도가 증가할 때

  예) 이분 탐색(문제 12)

③ O(n): 입력 크기 n에 비례하여 계산 복잡도가 증가할 때

  예) 최댓값 찾기(문제 2), 순차 탐색(문제 7)

④ O(n · logn): 입력 크기 n과 로그 n 값의 곱에 비례하여 계산 복잡도가 증가할 때

  예) 병합 정렬(문제 10), 퀵 정렬(문제 11)

⑤ O(n^2): 입력 크기 n의 제곱에 비례하여 계산 복잡도가 증가할 때

  예) 선택 정렬(문제 8), 삽입 정렬(문제 9)

⑥ O(2^n): 입력 크기가 n일 때 2의 n 제곱 값에 비례하여 계산 복잡도가 증가할 때

  예) 하노이의 탑(문제 6)

	O(1)	O(logn)	O(n)	O(n · logn)	O(n^2)	O(2^n)
그래프						
n = 10	1	3.3	10	32.2	100	1024
n = 100	1	6.6	100	664.4	10000	1267650… (31자리 숫자)
n = 10000	1	13.3	10000	132877.1	100000000	1995063… (3011자리 숫자)

자료
구조

자료 구조란 여러 가지 자료와 정보를 컴퓨터 안에 저장하고 보관하는 방식을 말합니다. 알고리즘 문제를 풀려면 주어진 자료를 효율적으로 정리해서 보관하는 것이 필수입니다. 알고리즘과 자료 구조는 굉장히 밀접한 관계입니다.
넷째 마당에서는 알고리즘을 이해하는 데 꼭 필요한 기본적인 자료 구조를 배워 보겠습니다.

문제 13 회문 찾기 큐와 스택

ALGORITHMS FOR EVERYONE

문자열이 회문(回文)인지 아닌지 판단하여 회문이면 *True*, 아니면 *False*를 결과로 알려 주는 알고리즘을 만들어 보세요.

이번에 풀어 볼 문제는 회문(回文, palindrome) 찾기 문제입니다.

회문은 조금 생소한 단어인데 '순서대로 읽어도 거꾸로 읽어도 그 내용이 같은 낱 말이나 문장'을 뜻합니다. 낱말 사이에 있는 공백이나 문장 기호 등은 무시하므 로 다음 낱말과 문장은 모두 회문입니다.

회문의 예(한글)	회문의 예(영어)
역삼역	mom
기러기	wow
일요일	noon
사진사	level
복불복	radar
다가가다	kayak
기특한 특기	racecar
다했나? 했다!	God's dog
다시 합창 합시다	Madam, I'm Adam.

어떤 문장이 주어졌을 때 이 문장이 회문인지 아닌지 판단하려면 어떻게 해야 할까요?

여러 가지 방법이 있지만, 여기서는 가장 기본적인 자료 구조인 큐와 스택을 알아 본 다음, 큐와 스택의 특징을 이용해서 회문을 판단하는 방법을 살펴보겠습니다.

1 큐와 스택

이번에 살펴볼 큐와 스택은 컴퓨터 과학에서 다루는 여러 가지 자료 구조 중에서도 가장 기본적인 것입니다. 두 자료 구조는 '자료를 넣는 동작'과 '자료를 빼는 동작'을 할 수 있으며, 들어간 자료가 일렬로 보관된다는 공통점이 있습니다. 하지만 자료를 넣고 뺄 때 동작하는 방식이 서로 다릅니다.

구체적인 예를 들어 설명해 보겠습니다.

■ 큐

큐(queue)는 '줄 서기'에 비유할 수 있습니다. 택시를 타기 위해서 줄을 서는 과정을 떠올려 봅시다. 새로 택시 정류장에 도착한 사람은 맨 뒤로 가서 줄을 서고, 택시가 도착하면 그 줄의 맨 앞에 선 사람이 줄을 빠져나가 택시를 탑니다. 가장 먼저 줄을 선 사람이 가장 먼저 택시를 타게 됩니다(First In First Out).

그림 13-1
큐: 택시 정류장에서 줄 서서 택시 타기

큐에 자료를 한 개 집어넣는 동작을 '인큐(enqueue)', 큐 안에 있는 자료를 한 개 꺼내는 동작을 '디큐(dequeue)'라고 표현합니다.

■ 스택

스택(stack)은 '접시 쌓기'에 비유할 수 있습니다. 식당에서 접시를 차곡차곡 쌓았다가 하나씩 꺼내 설거지하는 과정을 생각해 봅시다. 다 먹은 접시를 쌓을 때는 쌓은 접시 맨 위에 올려놓습니다. 설거지하려고 접시를 꺼낼 때도 맨 위에 있는 접시부터 꺼냅니다. 바꿔 말하면 가장 마지막에 들어간 자료를 가장 먼저 꺼내는 것을 의미합니다(Last In First Out).

맨 아래에 있는 접시를 꺼내려면 맨 위에 있는 접시부터 하나하나 꺼내야 한다는 것도 쉽게 이해할 수 있습니다.

그림 13-2
스택: 접시 쌓았다 꺼내기

스택에 자료를 하나 집어넣는 동작을 '푸시(push)', 스택 안에 있는 자료를 하나 꺼내는 동작을 '팝(pop)'이라고 표현합니다.

그림 13-3을 보면 큐와 스택에는 둘 다 1, 2, 3, 4라는 자료가 보관되어 있습니다. 큐와 스택에서 각각 자료를 차례로 빼내면 어떻게 될까요?

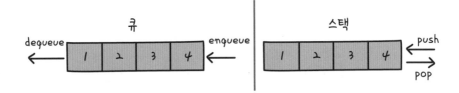

그림 13-3
큐와 스택에 자료를
넣고 빼는 동작

큐에서 자료를 꺼내면(dequeue) 들어간 순서 그대로, 즉 1, 2, 3, 4 순서로 자료가 나옵니다. 하지만 스택은 자료를 꺼내면(pop) 들어간 순서와 정반대인 4, 3, 2, 1 순서로 자료가 나옵니다.

■ 리스트로 큐와 스택 사용하기

큐와 스택은 자료를 일렬로 보관하는 특징이 있습니다. 따라서 파이썬의 리스트를 이용해서 쉽게 만들어 볼 수 있습니다. 이 책에서는 표 13-1과 같은 방식으로 리스트를 사용해서 큐와 스택을 만들어 보겠습니다.

표 13-1

리스트로 큐와 스택
만들기

자료 구조	동작	코드	설명
큐	초기화	qu = []	빈 리스트를 만듦
	자료 넣기(enqueue)	qu.append(x)	리스트의 맨 뒤에 자료를 추가
	자료 꺼내기(dequeue)	x = qu.pop(0)	리스트의 맨 앞(0번 위치)에서 자료를 꺼냄
스택	초기화	st = []	빈 리스트를 만듦
	자료 넣기(push)	st.append(x)	리스트의 맨 뒤에 자료를 추가
	자료 꺼내기(pop)	x = st.pop()	리스트의 맨 뒤에서 자료를 꺼냄

2 회문 찾기 알고리즘

앞에서 자료 값 1, 2, 3, 4가 들어 있는 큐와 스택에서 차례로 자료를 빼내면 각각 1, 2, 3, 4와 4, 3, 2, 1 순서로 자료가 나온다고 배웠습니다. 이것이 바로 회문을 판단하는 데 필요한 큐와 스택의 특징입니다.

주어진 문장의 문자들을 하나하나 큐와 스택에 넣은 다음 큐와 스택에서 하나씩 자료를 꺼낸다고 생각해 봅시다. 큐는 들어간 순서 그대로, 스택은 들어간 순서와 정반대로 문자들이 뽑혀 나옵니다.

회문은 거꾸로 읽어도 같은 글자가 나와야 합니다. 따라서 큐에서 꺼낸 문자들(원래 순서)이 스택에서 꺼낸 문자들(역순)과 모두 같다면 그 문장은 회문입니다.

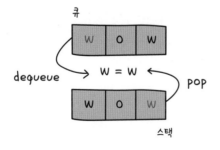

그림 13-4

큐와 스택에서 차례로
꺼낸 값이 모두 같으면
회문

● **예제 소스** p13-1-palindrome.py

```python
# 주어진 문장이 회문인지 아닌지 찾기(큐와 스택의 특징을 이용)
# 입력: 문자열 s
# 출력: 회문이면 True, 아니면 False


def palindrome(s):
    # 큐와 스택을 리스트로 정의
    qu = []
    st = []
    # 1단계: 문자열의 알파벳 문자를 각각 큐와 스택에 넣음
    for x in s:
        # 해당 문자가 알파벳이면(공백, 숫자, 특수문자가 아니면)
        # 큐와 스택에 각각 그 문자를 추가
        if x.isalpha():
            qu.append(x.lower())
            st.append(x.lower())
    # 2단계: 큐와 스택에 들어 있는 문자를 꺼내면서 비교
    while qu:    # 큐에 문자가 남아 있는 동안 반복
        if qu.pop(0) != st.pop():    # 큐와 스택에서 꺼낸 문자가 다르면 회문이 아님
            return False

    return True


print(palindrome("Wow"))
print(palindrome("Madam, I'm Adam."))
print(palindrome("Madam, I am Adam."))
```

True

True

False

프로그램 13-1에서 isalpha( ) 함수는 주어진 문자가 알파벳 문자에 해당하는지 확인하는 기능을 합니다. 공백, 숫자, 특수문자는 isalpha( ) 함수로 걸러 냅니다. lower( ) 함수는 주어진 알파벳을 소문자로 바꾸는 기능을 합니다. 문자를 모두 소문자로 바꿔 큐와 스택에 추가하므로 대문자와 소문자를 구분하지 않고 회문인지 아닌지 판단할 수 있습니다.

연습
문제

13-1 큐와 스택을 이용하지 않고 회문인지 아닌지 판단할 수 있는 방법이 있습니다. 문장의 앞뒤를 차례로 비교하면서 각 문자가 같은지 확인하는 방법입니다. 이 방법으로 회문인지 아닌지 판단하는 알고리즘을 만들어 보세요.

잠깐만요

리스트를 이용한 큐와 스택 구현

리스트로 큐와 스택의 동작을 구현하면 다른 모듈을 사용하지 않고도 간단히 큐와 스택을 사용할 수 있다는 장점이 있습니다. 하지만 엄밀하게 말하면 이 방법은 효율적이지 않습니다(큐가 비효율적입니다).

효율성이 중요한 프로그램이라면 파이썬의 collections 모듈에 있는 deque(double-ended queue)를 이용하여 다음과 같은 방식으로 큐를 만들어 사용할 수 있습니다.

```
>>> from collections import deque
>>> qu = deque()
>>> qu.append(1)      # 1을 큐에 추가(enqueue)
>>> qu.append(2)      # 2를 큐에 추가(enqueue)
>>> qu.popleft()      # 큐에서 1을 꺼냄(dequeue)
1
>>> qu
deque([2])            # 1을 꺼냈으므로 2가 남아 있습니다.
```

참고로 큐와 스택을 리스트로 만들면 왜 큐가 더 비효율적일까요?

앞에서 살펴본 택시 정류장에서 줄 서기를 생각하면 감을 잡을 수 있습니다. 큐에서 맨 앞사람이 빠져나가면 줄의 맨 앞이 비게 됩니다. 따라서 줄에 남은 모든 사람이 '귀찮게도' 한 발씩 앞으로 움직여야 합니다.

하지만 줄의 맨 뒷사람이 택시를 기다리다 포기하고 줄을 떠난다면 어떨까요? 줄에 남은 사람들은 아무 상관이 없겠지요?

① 리스트로 만든 큐에서 자료 꺼내기(dequeue)

qu.pop(0) → 리스트의 0번 위치에서 자료를 빼내면 0번 위치가 비므로 남은 자료를 전부 한 칸씩 당겨 주는 처리가 필요

② 리스트로 만든 스택에서 자료 꺼내기(pop)

st.pop() → 리스트의 맨 뒤에서 자료를 빼내면 남은 자료의 위치는 변화가 없음

파이썬에서 큐와 스택과 같은 자료 구조를 활용하는 방법을 더 자세히 알고 싶다면 파이썬 공식 문서를 참고하면 도움이 될 것입니다.

- 파이썬 공식 문서: https://docs.python.org/3/tutorial/datastructures.html 영어

문제 14 동명이인 찾기 ② 딕셔너리

ALGORITHMS FOR EVERYONE

n명의 사람 이름 중에 같은 이름을 찾아 집합으로 만들어 돌려주는 알고리즘을 만들어 보세요.

문제 3에서 살펴본 동명이인 찾기 문제를 다시 풀어 보겠습니다. 동명이인 찾기 문제는 사람들의 이름이 나열된 리스트 안에 같은 이름이 있는지 확인해서 중복된 이름들을 집합으로 돌려주는 문제였습니다. 예를 들어 ["Tom", "Jerry", "Mike", "Tom"]이 입력으로 주어지면 "Tom"이 중복되므로 이를 집합에 넣은 {"Tom"}을 결과로 돌려주면 됩니다.

이번에는 파이썬의 딕셔너리(dictionary, 사전)라는 자료 구조를 이용해서 동명이인 문제를 풀어 보겠습니다. 먼저 딕셔너리가 무엇인지 살펴봅시다.

1 딕셔너리

파이썬의 딕셔너리는 정보를 찾는 기준이 되는 키(key)와 그 키에 연결된 값(value)의 대응 관계를 저장하는 자료 구조입니다. 예를 들어 여러 사람이 있을 때 각 사람의 이름(키)과 나이(값)를 대응시켜 딕셔너리로 쉽게 표현할 수 있습니다.

```
>>> d = {"Justin": 13, "John": 10, "Mike": 9}
>>> d["Justin"]
13
>>> d["John"]
10
>>> d["Summer"]
```

```
Traceback (most recent call last):
  File "<stdin>", line 1, in <module>
KeyError: 'Summer'
>>> d["Summer"] = 1
>>> d["Summer"]
1
>>> d["Summer"] = 2
>>> d
{'Justin': 13, 'John': 10, 'Mike': 9, 'Summer': 2}
```

지금부터 실행 예를 한 줄씩 살펴보면서 딕셔너리에 대해 알아보겠습니다.

딕셔너리는 중괄호를 이용해 만듭니다. {} 안에 키에 대응되는 값을 콜론(:)으로 연결해 주면 딕셔너리가 만들어집니다. 다음과 같이 하면 키 "Justin"에 값 13, 키 "John"에 값 10, 키 "Mike"에 값 9가 대응된 딕셔너리가 새로 만들어집니다.

```
d = {"Justin": 13, "John": 10, "Mike": 9}
```

정보가 아무것도 들어 있지 않은 빈 딕셔너리를 만들려면 값이 들어 있지 않은 빈 중괄호 또는 dict()를 이용하면 됩니다.

```
d = {}
d = dict()
```

딕셔너리에서 키로 원하는 값을 찾으려면 리스트와 마찬가지로 대괄호 안에 키를 적어 주면 됩니다(단, 리스트에서는 대괄호 안에 원하는 위치 번호를 넣습니다).

```
>>> d["Justin"]
13
>>> d["John"]
10
```

딕셔너리에 없는 키를 대괄호 안에 넣으면 에러가 발생합니다.

```
>>> d["Summer"]
Traceback (most recent call last):
  File "<stdin>", line 1, in <module>
KeyError: 'Summer'
```

딕셔너리에 새 값을 추가하려면 다음과 같이 값을 대입하면 됩니다.

```
>>> d["Summer"] = 1
```

이제 "Summer"라는 키에 1이라는 값이 저장되었습니다.

```
>>> d["Summer"]
1
```

한 가지 주의할 것은 딕셔너리에는 키가 중복되지 않는다는 점입니다. 이미 존재하는 키에 새 값을 넣으면 기존 값은 지워지고 새 값으로 덮어써집니다.

```
>>> d["Summer"] = 2        # 기존 값인 1은 지워지고 2로 바뀜
>>> d["Summer"]
2
```

이해를 돕기 위해 딕셔너리 활용을 하나 더 살펴보겠습니다.

딕셔너리를 사용해서 학생 번호와 학생 이름이 대응된 학생 명부를 만들어 볼까요? 예를 들어 어떤 반에 학생 번호 1번 김민준, 2번 이유진, 3번 박승규 학생이 있을 때, 이 반의 학생 명부는 학생 번호를 키로 하고 학생 이름을 값으로 하는 다음과 같은 딕셔너리로 표현할 수 있습니다.

```
s_info = {
    1: "김민준",
    2: "이유진",
    3: "박승규"
}
```

- 응용 1: 학생 번호 2번에 해당하는 학생 이름을 알고 싶다면 s_info[2]를 이용합니다.
- 응용 2: 새 학생을 학생 명부에 추가하려면 s_info[4] = "최재원"과 같이 학생 번호를 키, 학생 이름을 값으로 대입합니다.
- 응용 3: 학생 번호가 3번인 학생(박승규)을 학생 명부에서 삭제하려면 del s_info[3]과 같이 del 명령어를 이용합니다.

표 14-1은 자주 사용하는 파이썬의 딕셔너리 기능을 정리한 것입니다.

표 14-1
자주 사용하는
딕셔너리 기능

함수	설명	사용 예
len(a)	딕셔너리 길이(자료 개수)를 구합니다.	d = {"Justin": 13, "John": 10, "Mike": 9} len(d)　　　# 3
d[key]	딕셔너리에서 키(key)에 해당하는 값을 읽습니다.	d = {"Justin": 13, "John": 10, "Mike": 9} d["Mike"]　　# 9 # 없는 키의 값을 읽으려고 하면 키 에러(KeyError)가 발생합니다.
d[key] = value	키(key)에 값(value)을 저장합니다. 없다면 새로 만들고 이미 있다면 value 값을 덮어씁니다.	d["Summer"] = 1 d["Summer"] = 2 # d["Summer"]에는 2가 저장됩니다.
del d[key]	키(key)에 해당하는 값을 지웁니다.	del d["Summer"] d["Summer"] # "Summer"가 지워졌으므로 키 에러가 발생합니다.
clear()	딕셔너리에 담긴 모든 자료를 지웁니다.	d.clear() # d = {} 즉, 빈 딕셔너리가 됩니다.
key in d	키(key)가 딕셔너리 d 안에 있는지 확인합니다(key not in d 는 반대 결과).	d = {"Justin": 13, "John": 10, "Mike": 9} "John" in d　　# True "Alex" in d　　# False "Alex" not in d　# True

 잠깐만요

집합과 딕셔너리

파이썬의 집합과 딕셔너리는 서로 다른 자료 구조지만, 둘 다 중괄호로 자료를 표현하다 보니 처음에는 혼란스러울 수 있습니다. 중괄호 안에 단순히 자료만 나열되어 있으면 집합이고, 키와 값이 콜론(:)으로 연결되어 나열되어 있으면 딕셔너리이니 헷갈리지 않도록 합니다.

```
s = {1, 2, 3}      # 1, 2, 3이 포함된 집합
d = {1: 2, 3: 4}   # 키 1에 값 2, 키 3에 값 4가 대응된 딕셔너리
```

참고로 빈 집합이나 빈 딕셔너리는 다음과 같은 방법으로 만듭니다.

```
s = set()      # 빈 집합 s
d = dict()     # 빈 딕셔너리 d, d = {}도 같음
```

2 딕셔너리를 이용한 동명이인 찾기 알고리즘

딕셔너리는 정보를 찾는 기준이 되는 키(key)와 그 키에 해당하는 값(value)이 나열된 것이라고 배웠습니다. 그렇다면 동명이인 문제에 딕셔너리를 어떻게 활용할 수 있을까요?

각 이름을 키(key)로, 그 이름이 리스트에 등장한 횟수를 값(value)으로 보면 문제를 풀 수 있는 힌트가 보일 것입니다.

```
딕셔너리 =
{
    "이름 1": 이름 1이 등장한 횟수,
    "이름 2": 이름 2가 등장한 횟수,
    "이름 3": 이름 3이 등장한 횟수
}
```

문제 14를 처음 봤을 때 예로 든 ["Tom", "Jerry", "Mike", "Tom"]을 다음과 같이 처리하는 것입니다.

```
name_dict =
{
    "Tom": 2,
    "Jerry": 1,
    "Mike": 1
}
```

name_dict라는 딕셔너리를 만들고 이 중에서 값(value)이 2 이상인 키(key)를 골라내면 동명이인으로 구성된 집합을 쉽게 얻을 수 있습니다.

이 과정을 알고리즘으로 적으면 다음과 같습니다.

1 | 각 이름이 등장하는 횟수를 저장할 빈 딕셔너리(name_dict)를 만듭니다.

2 | 입력으로 주어진 리스트에서 각 이름을 꺼내면서 반복합니다.

3 | 주어진 이름이 name_dict에 있는지 확인합니다.

4 | 이미 있다면 등장 횟수를 1 증가시킵니다.

5 | 아직 없다면 그 이름을 키(key)로 하는 항목을 새로 만들어 1을 저장합니다.

6 | 1~5번 과정을 거치면 name_dict에는 리스트에 등장하는 모든 이름과 각각의 등장 횟수가 저장됩니다.

7 | 만들어진 딕셔너리에서 등장 횟수가 2 이상인 이름을 찾아 결과 집합에 넣은 다음 출력으로 돌려줍니다.

이제 이 알고리즘을 프로그램으로 구현해 볼 차례입니다.

딕셔너리를 이용해 동명이인을 찾는 알고리즘  프로그램 14-1

◉ **예제 소스** p14-1-samename.py

```python
# 두 번 이상 나온 이름 찾기
# 입력: 이름이 n개 들어 있는 리스트
# 출력: n개의 이름 중 반복되는 이름의 집합

def find_same_name(a):
    # 1단계: 각 이름이 등장한 횟수를 딕셔너리로 만듦
    name_dict = {}
    for name in a:                    # 리스트 a에 있는 자료들을 차례로 반복
        if name in name_dict:         # 이름이 name_dict에 있으면
            name_dict[name] += 1      # 등장 횟수를 1 증가
```

```
            else:                       # 새 이름이면
                name_dict[name] = 1      # 등장 횟수를 1로 저장
        # 2단계: 만들어진 딕셔너리에서 등장 횟수가 2 이상인 것을 결과에 추가
        result = set()                  # 결괏값을 저장할 빈 집합
        for name in name_dict:     # 딕셔너리 name_dict에 있는 자료들을 차례로 반복
            if name_dict[name] >= 2:
                result.add(name)

        return result


name = ["Tom", "Jerry", "Mike", "Tom"] # 대소문자 유의. 파이썬은 대소문자를 구분함
print(find_same_name(name))


name2 = ["Tom", "Jerry", "Mike", "Tom", "Mike"]
print(find_same_name(name2))
```

```
{'Tom'}
{'Mike', 'Tom'}
```

3 알고리즘 분석

문제 3에서 살펴본 동명이인을 찾는 알고리즘(프로그램 3-1)은 리스트 안에 들
어 있는 모든 사람을 서로 한 번씩 비교하여 같은 이름이 있는지 찾아내는 방식
이었습니다. 즉, 사람 수가 n일 때 계산 복잡도는 $O(n^2)$이었습니다.

반면 딕셔너리를 이용해 동명이인을 찾는 알고리즘(프로그램 14-1)은 1단계로
리스트 정보를 한 번 읽어서 각 이름과 등장 횟수를 딕셔너리에 넣는 동작(n번

처리)을 하고, 2단계로 딕셔너리 안에 저장된 서로 다른 이름을 확인하여 등장 횟수가 2 이상인 자료를 찾습니다(n번 이하 처리). 이는 for 반복문을 겹쳐서 사용하지 않고 따로따로 두 번 반복하는 과정이므로 대문자 O 표기법으로 표현하면 O(n)에 해당합니다.

프로그램에서 for 반복문이 여러 번 나올 때는 서로 겹치느냐 겹치지 않느냐에 따라 계산 복잡도가 많이 달라집니다.

표 14-2
for 반복문 중첩 여부에
따른 계산 복잡도 차이

위치	for 반복문이 겹친 예	for 반복문이 겹치지 않은 예

코드	for i in range(0, n - 1):
	　for j in range(i + 1, n):
	　　# 중첩된 반복 부분
		for i in range(0, n):
		　# 반복 1: 이 부분은 n번 실행
		for i in range(0, n):
		　# 반복 2: 이 부분은 n번 실행

실행 횟수	n(n-1)/2	2n
계산 복잡도	$O(n^2)$	$O(n)$

잠깐만요

계산 복잡도: 시간 복잡도와 공간 복잡도

계산 복잡도에는 계산을 얼마나 빨리 할 수 있는지 따져 보는 '시간 복잡도'와 계산에 얼마나 많은 저장 공간이 필요한지 따져 보는 '공간 복잡도'가 있습니다. 앞에서는 주로 시간 복잡도만 생각해 볼 것이라고 했습니다(31쪽).

딕셔너리를 이용해 동명이인을 찾는 문제는 모든 사람을 서로 비교하는 방법보다 더 나은 시간 복잡도를 가집니다. 하지만 딕셔너리를 만들어 그 안에 모든 이름과 등장 횟수를 저장해야 하므로 더 많은 저장 공간을 사용합니다. 이것은 공간 복잡도를 희생하여 시간 복잡도를 개선한 것이라고 생각할 수 있습니다.

알고리즘 분석을 정확하게 하려면 시간 복잡도뿐만 아니라 공간 복잡도도 함께 고려해야 합니다. 하지만 현대 컴퓨터는 대체로 저장 공간(메모리, 하드디스크)이 매우 크기 때문에 상대적으로 공간 복잡도에 덜 민감한 편입니다.

14-1 연습 문제 7-3에서 풀어 본 학생 번호로 학생 이름을 찾는 문제를 딕셔너리를 이용해 풀어 보세요.

다음과 같이 학생 번호와 이름이 주어졌을 때 학생 번호를 입력하면 그 학생 번호에 해당하는 이름을 돌려주고, 해당하는 학생 번호가 없으면 물음표를 돌려줘야 합니다.

39: Justin

14: John

67: Mike

105: Summer

 잠깐만요

해시 테이블

파이썬의 딕셔너리와 같이 키(key)와 값(value)을 대응시켜 자료를 보관하는 자료 구조를 컴퓨터 과학 용어로는 '해시 테이블(hash table)'이라고 부릅니다. 해시 테이블은 프로그래밍 언어마다 다른 이름으로 부르기도 합니다. 예를 들어 C++에서는 언오더드맵(unordered_map)이라고 부르고 자바에서는 해시맵(hashmap)이라고 부릅니다.

파이썬이나 C#에서는 딕셔너리(dictionary, 사전)라는 용어를 사용합니다. 우리가 평소에 사용하는 사전에 어떤 구조로 단어가 기록되어 있는지 떠올려 보면 왜 딕셔너리라고 부르는지 이해가 될 것입니다.

```
korean_dict =
{
    "선생": "학생을 가르치는 사람",
    "학생": "학교에 다니면서 공부하는 사람",
    ...
    "찾는 단어": "단어의 뜻"
}
```

해시 테이블은 키(key)와 값(value)을 대응시켜 여러 개의 자료를 보관하는 효율성이 높은 자료 구조입니다.

문제 15 친구의 친구 찾기 그래프

ALGORITHMS FOR EVERYONE

친구 관계를 이용하여 어떤 한 사람이 직접 또는 간접으로 아는 모든 친구를 출력하는 알고리즘을 만들어 보세요.

한때 큰 인기를 끌었던 싸이월드라는 SNS에는 '일촌 맺기', '친척', '촌수'라는 개념이 있었습니다. A와 B가 일촌 관계이고 B와 C가 일촌 관계이면 A와 C는 직접 아는 사이가 아니더라도 서로 이촌 관계가 되는 식입니다.

친구가 서너 명 정도라면 종이에 사람들의 관계를 적어 보는 것만으로도 촌수를 쉽게 계산할 수 있습니다. 하지만 회원 수가 천만 명이 넘는 웹사이트에서 각 회원이 수십, 수백 명씩 일촌을 맺고 있다면 뭔가 체계적인 알고리즘이 필요할 것입니다. 싸이월드 외에도 페이스북 같은 대부분의 SNS에는 친구 관계가 있으며 친구의 친구를 찾아주는 '친구 추천' 기능이 있습니다. 이러한 기능 역시 이번 문제에서 배울 '친구의 친구 찾기'와 비슷한 알고리즘을 사용한 것입니다.

 1 용어 정리

이 문제를 제대로 이해하려면 용어를 정리할 필요가 있습니다. 싸이월드를 예로 들었던 일촌, 친척, 촌수 개념을 좀 더 일반적인 친구 관계로 정리해 보겠습니다.

- 친구(일촌): 어떤 두 사람이 직접 아는 사이일 때, 즉 서로 친구 요청을 수락한 경우 친구라고 합니다.

  (예) A가 B의 친구이면 B도 A의 친구입니다.

- 모든 친구(친척): 어떤 사람이 직접 아는 친구들과 그 친구들의 친구들, 즉 직간접으로 아는 모든 사람을 말합니다(자기 자신도 포함).

(예) A와 B가 친구이고 B와 C가 친구이고 C와 D가 친구이면(A–B–C–D), A에게는 A, B, C, D 전부가 '모든 친구'입니다.

- 친밀도(촌수): 어떤 사람 두 명이 서로 직간접으로 아는 사이일 때 두 명이 서로 몇 단계를 거쳐 아는지 나타내는 숫자입니다(자기 자신의 친밀도는 0).
  (예) A와 B가 친구이고 B와 C가 친구이고 C와 D가 친구이면(A–B–C–D), A와 B의 친밀도는 1, A와 C의 친밀도는 2, A와 D의 친밀도는 3 입니다.

용어 정의를 이용해서 우리가 풀어야 할 문제를 다시 적어 보면 다음과 같습니다.

친구 관계를 이용하여 어떤 한 사람의 '모든 친구'를 출력하는 알고리즘을 만들어 보세요.

이제 이 문제를 푸는 데 꼭 필요한 자료 구조인 '그래프(graph)'를 알아볼 차례입니다.

2 그래프

아마도 여러분은 수학 시간에 x축과 y축 위에 함수를 표현한 함수의 그래프를 많이 그려 보았을 것입니다.

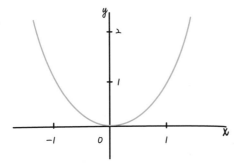

<u>그림 15–1</u>
y=x²의 그래프

안타깝게도 우리가 필요한 그래프는 그림 15–1과 같은 함수의 그래프가 아닙니다. 친구 관계 문제를 푸는 데 필요한 그래프는 꼭짓점들과 그 꼭짓점 사이를 연결한 선의 집합을 의미합니다. 글로는 감이 잘 오지 않으니 그래프의 예를 하나 더 봅시다.

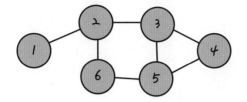

그림 15-2
그래프의 예

그림 15-2와 같이 꼭짓점(동그라미로 표현) 여러 개와 각 꼭짓점 사이의 연결 관계를 선으로 표현한 것을 그래프라고 합니다. 그림 15-2는 1부터 6까지 이름이 붙여진 꼭짓점(vertex)이 여섯 개 있고, 그 꼭짓점 사이를 연결하는 선(edge)이 일곱 개 있습니다.

이 그래프를 본 순간 '각 사람을 꼭짓점으로 표현하고 사람들의 친구 관계를 선으로 표현할 수 있겠다'는 생각이 떠올랐다면 알고리즘에 대한 감이 생긴 것입니다.

그래프로 친구 관계 표현하기

예를 들어 사람이 여덟 명 있고, 친구 관계가 다음과 같을 때 이 친구 관계를 그래프로 어떻게 표현할 수 있을까요?

- Summer와 John은 서로 친구입니다.
- Summer와 Justin은 서로 친구입니다.
- Summer와 Mike는 서로 친구입니다.
- Justin과 May는 서로 친구입니다.
- May와 Kim은 서로 친구입니다.
- John과 Justin은 서로 친구입니다.
- Justin과 Mike는 서로 친구입니다.
- Tom과 Jerry는 서로 친구입니다.

사람 여덟 명을 각각 꼭짓점 여덟 개로 생각하고 친구들의 관계를 선으로 표현하면 그림 15-3과 같은 그래프로 그릴 수 있습니다.

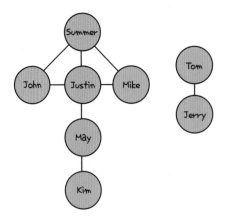

그림 15-3
친구 관계 그래프

문장으로 설명한 친구 관계를 그래프를 사용하여 수학적인 관계로 표현하였습니다. 이제 이 그래프를 파이썬 프로그램으로 만들어 볼 차례입니다.

 ## 4 파이썬으로 그래프 표현하기

파이썬에서 그래프를 자료 구조로 만들어 저장하는 방법에는 여러 가지가 있지만, 여기서는 우리가 이미 알고 있는 리스트와 딕셔너리를 이용해서 그래프를 표현하는 방법을 살펴보겠습니다.

일단 그래프를 표현하려면 각 꼭짓점의 정보부터 저장해야 합니다. 그래프를 표현할 fr_info 딕셔너리를 만들고 키(key)로 각 꼭짓점을 지정합니다.

여기까지를 파이썬 프로그램으로 표현하면 다음과 같습니다.

```
fr_info = {
    'Summer':
    'John':
    'Justin':
    'Mike':
```

```
        'May':
        'Kim':
        'Tom':
        'Jerry':
    }
```

안타깝지만 이 프로그램은 실행되지 않습니다. 딕셔너리에는 키와 키에 대응하는 값(value)이 필요하기 때문입니다. 그래프를 표현하려면 어떤 값을 키로 연결해야 할까요?

바로 꼭짓점과 더불어 그래프에서 없어서는 안 되는 필수 요소인 '선'입니다. 각 꼭짓점에 직접 연결된 다른 꼭짓점들의 리스트를 만들어서 fr_info의 키에 대응하는 값으로 적어 주면 우리가 만들고 싶은 그래프가 파이썬 프로그램으로 완성됩니다.

예를 들어 ['John', 'Justin', 'Mike']와 같이 자료 세 개로 만들어진 리스트를 다음과 같이 키 'Summer'의 값으로 대응시킵니다.

```
    'Summer': ['John', 'Justin', 'Mike'],
```

완성된 친구 정보 그래프 프로그램은 다음과 같습니다.

```
fr_info = {
    'Summer': ['John', 'Justin', 'Mike'],
    'John': ['Summer', 'Justin'],
    'Justin': ['John', 'Summer', 'Mike', 'May'],
    'Mike': ['Summer', 'Justin'],
    'May': ['Justin', 'Kim'],
    'Kim': ['May'],
    'Tom': ['Jerry'],
```

```
        'Jerry': ['Tom']
    }
```

참고로 A가 B의 친구면 B는 자동으로 A의 친구입니다. 따라서 Summer에 대응하는 리스트에 John이 있으면 John에 대응하는 리스트에도 자연히 Summer가 있는 것입니다.

 ## 5 모든 친구 찾기 알고리즘

주어진 친구 관계 그래프에서 Tom의 모든 친구를 출력하는 것은 매우 간단합니다. 일단 Tom 자신을 출력합니다. 그리고 fr_info 딕셔너리의 키 Tom의 값에 Jerry가 있으므로 Jerry를 출력합니다. 다시 Jerry의 친구를 찾아보니 Tom 한 명뿐입니다. Tom은 이미 자기 자신을 출력했으므로 알고리즘을 종료합니다.

그렇다면 Summer의 모든 친구를 출력하는 것은 어떨까요? 일단 Summer 자신을 출력합니다. 다음으로 Summer의 친구들을 찾아보니 세 명이 있습니다. 세 명의 이름을 출력하고 다시 이 세 명의 친구들을 따라가 봐야 합니다. 이처럼 친구가 여러 명이고 그 친구들의 친구가 또 여러 명일 때는 기억력만으로는 모든 친구를 따라가기에는 무리가 있습니다. 기억력만 가지고 뭔가를 하기 어렵다면 메모를 하면 좋겠지요?

잘 생각해 보면 이 문제를 풀기 위해 두 가지 메모가 필요합니다.

첫째, 앞으로 처리해야 할 사람들입니다. 꼬리에 꼬리를 무는 친구의 친구들을 한 명도 빠뜨리지 않고 처리하려면 친구의 이름이 나올 때마다 메모지에 적어 두었다가 한 명씩 처리하면서 메모지에서 지워야 합니다.

둘째, 이미 추가된 사람들입니다. 친구 추적 과정에서 한 명이 여러 번 나오거나 추적이 무한 반복되지 않게 하려면 이미 처리 대상으로 올린 사람은 중복되지 않도록 메모지에 적어 두어야 합니다.

앞에서 살펴본 Tom과 Jerry에서 두 번째 과정을 하지 않는다면 어떻게 될까요? Tom은 Jerry를 친구로 출력하고, Jerry는 다시 Tom을 친구로 출력하고, 다시 Tom은 Jerry를 친구로 출력하는 과정이 영원히 반복될 위험성이 있습니다.

우리가 만들 알고리즘에서는 '앞으로 처리해야 할 사람을 넣어 두었다가 하나씩 꺼내기 위한 기억 장소'로 큐(변수 이름: qu)를 이용합니다. 또한 '이미 처리 대상으로 추가한 사람들을 적어 둘 기억 장소'로 집합(변수 이름: done)을 이용해 보겠습니다.

다음 알고리즘을 봅시다.

1 | 앞으로 처리할 사람을 저장할 큐(qu)를 만듭니다.

2 | 이미 큐에 추가한 사람을 저장할 집합(done)을 만듭니다.

3 | 검색의 출발점이 될 사람을 큐(qu)와 집합(done)에 추가합니다.

4 | 큐에 사람이 남아 있다면 큐에서 처리할 사람을 꺼냅니다.

5 | 꺼낸 사람을 출력합니다.

6 | 꺼낸 사람의 친구들 중 아직 큐(qu)에 추가된 적이 없는 사람을 골라 큐(qu)와 집합(done)에 추가합니다.

7 | 큐에 처리할 사람이 남아 있다면 4번 과정부터 다시 반복합니다.

모든 친구를 찾는 알고리즘

프로그램 15-1

● **예제 소스** p15-1-friend.py

```
# 친구 리스트에서 자신의 모든 친구를 찾는 알고리즘
# 입력: 친구 관계 그래프 g, 모든 친구를 찾을 자신 start
# 출력: 모든 친구의 이름


def print_all_friends(g, start):
```

```python
    qu = []           # 기억 장소 1: 앞으로 처리해야 할 사람들을 큐에 저장
    done = set()      # 기억 장소 2: 이미 큐에 추가한 사람들을 집합에 기록(중복 방지)

    qu.append(start)  # 자신을 큐에 넣고 시작
    done.add(start)   # 집합에도 추가

    while qu:                 # 큐에 처리할 사람이 남아 있는 동안
        p = qu.pop(0)         # 큐에서 처리 대상을 한 명 꺼내
        print(p)              # 이름을 출력하고
        for x in g[p]:        # 그의 친구들 중에
            if x not in done: # 아직 큐에 추가된 적이 없는 사람을
                qu.append(x)  # 큐에 추가하고
                done.add(x)   # 집합에도 추가

# 친구 관계 리스트
# A와 B가 친구이면
# A의 친구 리스트에도 B가 나오고, B의 친구 리스트에도 A가 나옴
fr_info = {
    'Summer': ['John', 'Justin', 'Mike'],
    'John': ['Summer', 'Justin'],
    'Justin': ['John', 'Summer', 'Mike', 'May'],
    'Mike': ['Summer', 'Justin'],
    'May': ['Justin', 'Kim'],
    'Kim': ['May'],
    'Tom': ['Jerry'],
    'Jerry': ['Tom']
}

print_all_friends(fr_info, 'Summer')
print()
print_all_friends(fr_info, 'Jerry')
```

Summer

John

Justin

Mike

May

Kim

Jerry

Tom

프로그램 15-1은 그래프에서 연결된 모든 꼭짓점을 탐색하는 알고리즘이므로 '그래프 탐색 알고리즘'이라고도 불립니다. 싸이월드에서는 이와 같은 그래프 탐색 알고리즘을 사용해 모든 회원의 친척을 뽑아내고 촌수 관계까지 계산하는 것입니다. 이제 이 알고리즘에 친밀도(촌수) 계산 기능까지 넣어 보겠습니다.

6 친밀도 계산 알고리즘

예를 들어 A와 B가 친구이고 B와 C가 친구라고 가정해 봅시다(A-B-C).
A를 기준으로 B의 친밀도는 1, B를 기준으로 C의 친밀도는 1입니다. 한편, A와 C는 B를 통해 친구의 친구가 되었으므로 A를 기준으로 C의 친밀도는 2라는 것을 쉽게 알 수 있습니다. 일반적으로 A라는 사람과 X라는 사람의 친밀도가 n이면 X의 친구 Y는 A와 친밀도가 $n+1$이 됩니다.

그림 15-4
친밀도 관계

이 성질을 이용하여 어떤 사람의 친구들을 큐에 넣을 때 친밀도를 1씩 증가시키면 됩니다.

◉ **예제 소스** p15-2-friend.py

```python
# 친구 리스트에서 자신의 모든 친구를 찾고 친구들의 친밀도를 계산하는 알고리즘
# 입력: 친구 관계 그래프 g, 모든 친구를 찾을 자신 start
# 출력: 모든 친구의 이름과 자신과의 친밀도


def print_all_friends(g, start):
    qu = []          # 기억 장소 1: 앞으로 처리해야 할 (사람 이름, 친밀도) 튜플을 큐에 저장
    done = set()     # 기억 장소 2: 이미 큐에 추가한 사람을 집합에 기록(중복 방지)

    qu.append((start, 0))    # (사람 이름, 친밀도) 정보를 하나의 튜플로 묶어 처리
                             # 자기 자신의 친밀도: 0
    done.add(start)          # 집합에도 추가

    while qu:                        # 큐에 처리할 사람이 남아 있는 동안
        (p, d) = qu.pop(0)           # 큐에서 (사람 이름, 친밀도) 정보를 p와 d로 각각 꺼냄
        print(p, d)                  # 사람 이름과 친밀도를 출력
        for x in g[p]:               # 친구들 중에
            if x not in done:        # 아직 큐에 추가된 적이 없는 사람을
                qu.append((x, d + 1))    # 친밀도를 1 증가시켜 큐에 추가하고
                done.add(x)              # 집합에도 추가

fr_info = {
    'Summer': ['John', 'Justin', 'Mike'],
    'John': ['Summer', 'Justin'],
```

```
        'Justin': ['John', 'Summer', 'Mike', 'May'],
        'Mike': ['Summer', 'Justin'],
        'May': ['Justin', 'Kim'],
        'Kim': ['May'],
        'Tom': ['Jerry'],
        'Jerry': ['Tom']
}

print_all_friends(fr_info, 'Summer')
print()
print_all_friends(fr_info, 'Jerry')
```

```
Summer 0

John 1

Justin 1

Mike 1

May 2

Kim 3


Jerry 0

Tom 1
```

 잠깐만요

파이썬의 튜플

프로그램 15-2에서는 처리해야 할 사람 이름과 친밀도를 같이 묶어서 큐에 보관하기 위해 파이썬의 튜플(tuple) 기능을 활용하였습니다. 튜플은 여러 개의 정보를 묶어서 하나의 정보처럼 사용하기 위한 기능으로 수학에서 x 좌표와 y 좌표를 묶어서 순서쌍 (x, y)로 표현하는 것과 비슷한 개념입니다.

튜플로 묶어서 보관하고자 하는 정보가 있다면 소괄호 안에 쉼표(,)를 찍어 나열하면 됩니다. 손쉽게 활용할 수 있겠죠?

```
>>> t = (3, 7)    # 3과 7을 하나로 묶어 튜플 t에 저장합니다.
>>> t
(3, 7)
>>> t[0]          # 튜플 t의 첫 번째 정보 값
3
>>> t[1]          # 튜플 t의 두 번째 정보 값
7
>>> (x, y) = t    # 튜플 t 안의 값들을 변수 x와 y에 각각 저장합니다.
>>> x
3
>>> y
7
```

프로그램 15-2를 예로 들어 볼까요? qu.append((start, 0))에서 소괄호가 두 번 사용된 이유는 append() 함수의 인자로 start와 0을 묶어 만든 튜플 (start, 0)을 전달했기 때문입니다.

또한 (p, d) = qu.pop(0)은 이렇게 저장된 튜플을 꺼내서 사람 이름과 친밀도 정보를 각각 p와 d에 나누어서 저장한다는 뜻입니다.

연습
문제

15-1 문제 15에서 배운 그래프 탐색 알고리즘을 이용하여 다음 그래프를 탐색하는 프로그램을 만들어 보세요(시작 꼭짓점: 1).

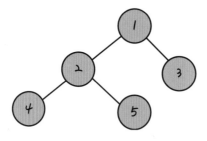

15-2 연습 문제 15-1에서 만든 프로그램이 그래프를 탐색해 가는 과정을 단계별로 적어 보세요.

응용
문제

그동안 배운 알고리즘 기초를 이용해 응용 문제를 풀어 봅니다. 실생활에서 만날 수 있는 문제를 컴퓨터 알고리즘으로 풀려면 우선 문제를 분석하여 컴퓨터가 이해할 수 있는 문제로 바꿔야 합니다. 그런 다음 적절한 알고리즘을 적용하여 해결하는 절차를 거치게 됩니다.

다섯째 마당에서는 이와 같은 문제 풀이 과정을 공부해 보겠습니다.

미로 찾기 알고리즘

다음 그림과 같이 미로의 형태와 출발점과 도착점이 주어졌을 때 출발점에서 도착점까지 가기 위한 최단 경로를 찾는 알고리즘을 만들어 보세요.

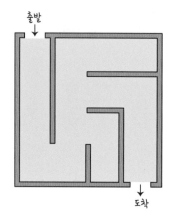

1 문제 분석과 모델링

주어진 미로는 연필을 들자마자 풀어 버릴 만큼 간단한 문제입니다.

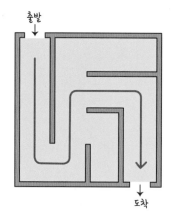

<u>그림 16-1</u>
연필을 들면 바로
해결할 수 있음

하지만 이 문제를 컴퓨터에게 풀어 보라고 하려면 어떻게 해야 할까요? 사람에게는 정말 쉬운 문제지만 컴퓨터에게 이 문제를 이해하고 풀게 할 아이디어는 선뜻 떠오르지 않습니다.

이때 필요한 것이 바로 '모델링(모형화)'입니다. 모델링이란 주어진 현실의 문제를 정형화하거나 단순화하여 수학이나 컴퓨터 프로그램으로 쉽게 설명할 수 있도록 다시 표현하는 것을 말합니다. 즉, 모델링은 자연이나 사회현상을 사람의 언어로 표현한 문제를 컴퓨터가 쉽게 이해할 수 있도록 수학식이나 프로그래밍 언어로 번역하는 절차를 말합니다.

말로 하면 무슨 말인가 싶지만 예를 보면 쉽게 이해할 수 있습니다. 문제 15에서 배운 그래프를 이용해 미로 찾기 문제를 단계별로 모델링해 보겠습니다.

일단 미로를 풀려면 미로 안의 공간을 정형화해야 합니다. 그림 16-1의 퍼즐은 4×4로 구성된 간단한 미로입니다. 먼저 이동 가능한 위치를 각각의 구역으로 나누고, 구역마다 알파벳으로 이름을 붙이면 그림 16-2와 같습니다.

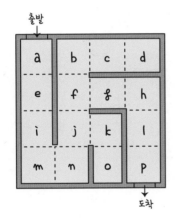

그림 16-2
미로 안의 공간을
정형화한 결과

이 모델(모형)을 이용해서 미로 찾기 문제와 정답을 다시 적어 보면 다음과 같이 표현할 수 있습니다.

출발점 *a*에서 시작하여 벽으로 막히지 않은 위치로 차례로 이동하여 도착점 *p*에 이르는 가장 짧은 경로를 구하고, 그 과정에서 지나간 위치의 이름을 출력해 보세요.

정답: *aeimnjfghlp*

어떤가요? 뭔가 조금 더 기계가 이해하기 쉬운 문제로 바꾼 것 같나요?

이제 다음 단계로 넘어갈 차례입니다. 최종 결과를 얻으려면 각 위치 사이의 관계를 컴퓨터에게 알려 줘야 하고 실제로 미로를 푸는 알고리즘도 만들어야 합니다. 여전히 어려워 보이지만 사실 이 문제는 문제 15에서 풀었던 그래프 탐색 문제와 같습니다.

위치 열여섯 개를 각각 꼭짓점으로 만들고, 각 위치에서 벽으로 막히지 않아 이동할 수 있는 이웃한 위치를 모두 선으로 연결하면 그림 16-3과 같이 미로 정보가 그래프로 만들어집니다.

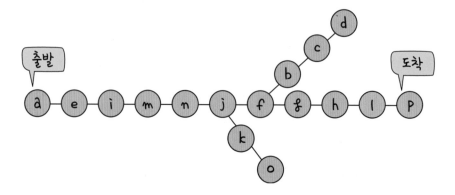

그림 16-3
주어진 미로를
그래프로 표현

마지막으로 이 그래프를 딕셔너리로 바꾸면 다음과 같습니다.

```python
# 미로 정보
# 미로의 각 위치에 알파벳으로 이름을 지정
# 각 위치에서 한 번에 이동할 수 있는 모든 위치를 선으로 연결하여 그래프로 표현
maze = {
    'a': ['e'],
    'b': ['c', 'f'],
    'c': ['b', 'd'],
    'd': ['c'],
    'e': ['a', 'i'],
    'f': ['b', 'g', 'j'],
    'g': ['f', 'h'],
```

```
        'h': ['g', 'l'],
        'i': ['e', 'm'],
        'j': ['f', 'k', 'n'],
        'k': ['j', 'o'],
        'l': ['h', 'p'],
        'm': ['i', 'n'],
        'n': ['m', 'j'],
        'o': ['k'],
        'p': ['l']
    }
```

2 미로 찾기 알고리즘

처음에 그림으로 주어졌던 미로 찾기 문제가 모델링을 통해 그래프가 되고, 그
그래프가 파이썬 언어가 이해할 수 있는 딕셔너리로 표현되었습니다. 이제 남은
일은 그래프 탐색 알고리즘을 적용하여 출발점부터 도착점까지 탐색하는 프로그
램을 만드는 것뿐입니다.

미로 찾기 알고리즘  프로그램 16-1

🔵 **예제 소스** p16-1-maze.py

```
# 미로 찾기 프로그램(그래프 탐색)

# 입력: 미로 정보 g, 출발점 start, 도착점 end

# 출력: 미로를 나가기 위한 이동 경로는 문자열, 나갈 수 없는 미로면 물음표("?")
```

```python
def solve_maze(g, start, end):
    qu = []                          # 기억 장소 1: 앞으로 처리해야 할 이동 경로를 큐에 저장
    done = set()                     # 기억 장소 2: 이미 큐에 추가한 꼭짓점들을 집합에 기록(중복 방지)

    qu.append(start)                 # 출발점을 큐에 넣고 시작
    done.add(start)                  # 집합에도 추가

    while qu:                        # 큐에 처리할 경로가 남아 있으면
        p = qu.pop(0)                # 큐에서 처리 대상을 꺼냄
        v = p[-1]                    # 큐에 저장된 이동 경로의 마지막 문자가 현재 처리해야 할 꼭짓점
        if v == end:                 # 처리해야 할 꼭짓점이 도착점이면(목적지 도착!)
            return p                 # 지금까지의 전체 이동 경로를 돌려주고 종료
        for x in g[v]:               # 대상 꼭짓점에 연결된 꼭짓점들 중에
            if x not in done:        # 아직 큐에 추가된 적이 없는 꼭짓점을
                qu.append(p + x)     # 이동 경로에 새 꼭짓점으로 추가하여 큐에 저장하고
                done.add(x)          # 집합에도 추가

    # 탐색을 마칠 때까지 도착점이 나오지 않으면 나갈 수 없는 미로임
    return "?"

# 미로 정보
# 미로의 각 위치에 알파벳으로 이름을 지정
# 각 위치에서 한 번에 이동할 수 있는 모든 위치를 선으로 연결하여 그래프로 표현
maze = {
    'a': ['e'],
    'b': ['c', 'f'],
    'c': ['b', 'd'],
    'd': ['c'],
    'e': ['a', 'i'],
    'f': ['b', 'g', 'j'],
    'g': ['f', 'h'],
    'h': ['g', 'l'],
```

```
        'i': ['e', 'm'],
        'j': ['f', 'k', 'n'],
        'k': ['j', 'o'],
        'l': ['h', 'p'],
        'm': ['i', 'n'],
        'n': ['m', 'j'],
        'o': ['k'],
        'p': ['l']
    }
print(solve_maze(maze, 'a', 'p'))
```

실행
결과

aeimnjfghlp

알아
보기

이 알고리즘을 어디서 본 것 같지 않나요? 그래프 탐색 과정에서 지금까지 지나온 경로를 문자열로 만들어 큐에 추가한 것과 탐색 중 목적지에 도착하면 탐색을 멈추도록 한 것을 제외하면 문제 15의 그래프 탐색 알고리즘과 완전히 같은 알고리즘입니다.

프로그램 실행 결과로 얻은 경로 aeimnjfghlp를 미로 위에 그리면 그림 16-4와 같은 최종 결과를 얻을 수 있습니다.

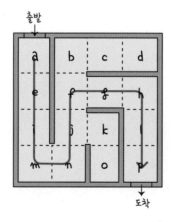

그림 16-4
최종 결과

3 응용문제 풀이 과정

현실 세계의 문제를 컴퓨터로 풀려면 문제를 분석하여 효과적인 모델(모형)을 만드는 것이 가장 중요한 첫걸음입니다.

먼저 문제를 잘 모델링하고, 그 모델에 여러 가지 알고리즘을 적용하여 문제를 푼 다음 그 결과를 다시 실제 세계에 적용하는 것입니다. 이는 실생활의 문제를 컴퓨터를 사용해서 푸는 일반적인 과정이기도 합니다.

가짜 동전 찾기 알고리즘

ALGORITHMS FOR EVERYONE

겉보기에는 똑같은 동전이 n개 있습니다. 이 중에서 한 개는 싸고 가벼운 재료로 만들어진 '가짜 동전'입니다. 좌우 무게를 비교할 수 있는 양팔 저울을 이용해서 다른 동전보다 가벼운 가짜 동전을 찾아내는 알고리즘을 만들어 보세요.

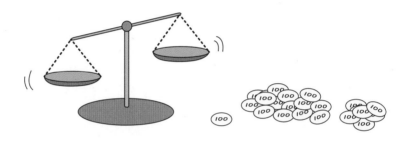

문제 분석과 모델링

동전 n개 중에는 무게가 적게 나가는 가짜 동전이 한 개 섞여 있습니다. 무게를 숫자로 보여 주는 디지털 저울이 있다면 동전 무게를 차례대로 하나씩 재서 가짜 동전을 간단히 판별할 수 있습니다. 하지만 우리가 사용할 저울은 양팔에 물건을 올리면 어느 쪽이 더 무거운지와 가벼운지만 알려 주는 '양팔 저울'입니다.

자, 문제를 좀 더 정형화해 보겠습니다. 동전 개수는 n개이므로 왼쪽에서 오른쪽으로 동전을 일렬로 나열한 다음 맨 왼쪽을 0번으로 하여 차례대로 번호를 붙여 봅시다. 가장 오른쪽에 있는 동전은 n−1번이 됩니다.

그림 17-1

n개의 동전을 차례대로
나열하기

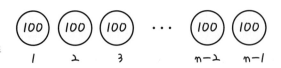

정리하면, 0번부터 n−1번까지 동전이 있고 이 중에 가짜 동전이 한 개 있는데, 우리가 만들 알고리즘은 양팔 저울로 저울질하여 가짜 동전의 위치 번호를 알아내는 것입니다.

'저울질'에 해당하는 기능을 프로그램으로 구현할 수 있는 함수를 하나 만들겠습니다.

```
def weigh(a, b, c, d):
```

weigh( ) 함수는 a부터 b까지 동전을 양팔 저울의 왼쪽에, c부터 d까지 동전을 저울의 오른쪽에 올리고 저울질하는 함수입니다. 이때 비교하는 동전의 개수는 같다고 가정하였습니다(b − a = d − c).

이 함수 안에 변수 fake를 만들고 우리가 찾아야 할 가짜 동전의 위치를 저장합니다. 가짜 동전 찾기 알고리즘은 fake 변수의 값을 직접 알 수는 없고, weigh( ) 함수를 호출해서 이 값을 찾아야만 합니다.

weigh( ) 함수의 결괏값은 −1, 0, 1 세 가지 중 하나입니다. a~b 쪽이 가볍다면 a와 b 사이에 가짜 동전이 있다는 뜻이고, 결괏값으로 −1을 돌려줍니다. 마찬가지로 c~d 쪽이 가볍다면 c와 d 사이에 가짜 동전이 있다는 뜻이고, 결괏값으로 1을 돌려줍니다. 양쪽 무게가 같다면 어느 쪽도 가짜 동전이 없다는 뜻이고, 결괏값으로 0을 돌려줍니다. 이때는 저울에 올리지 않은 동전 중에 가짜 동전이 있다는 의미가 됩니다.

지금까지 설명한 weigh( ) 함수의 동작을 그림으로 표현하면 그림 17−2와 같습니다.

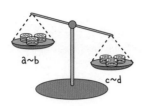 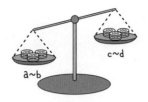 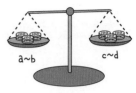

return -1
a~b에 가짜 동전이 있음

return 1
c~d에 가짜 동전이 있음

return 0
가짜 동전이 없음

그림 17-2
저울질 기능을 하는
weigh() 함수의 동작

2 방법 ①: 하나씩 비교하기

동전 n개에 0부터 n-1까지 번호를 매기고 weigh( ) 함수를 이용해서 각 동전의 무게를 비교할 수 있도록 모델링을 마쳤습니다.

이제 문제를 풀어 볼 차례입니다. 무게가 적게 나가는 가짜 동전이 한 개만 있다고 했으므로 각 동전의 무게를 비교해서 가벼운 동전이 나온다면 그 동전이 바로 가짜 동전입니다. 0번 동전을 저울의 왼쪽에 올려놓고, 오른편에는 1번 동전부터 차례로 바꿔 가면서 저울질해 보면 가짜 동전을 쉽게 찾아낼 수 있습니다.

0번과 1번 동전을 비교하는 첫 번째 저울질에서 왼쪽이 가볍다면 0번 동전이 가짜 동전이고, 오른쪽이 가볍다면 1번 동전이 가짜 동전입니다. 두 동전의 무게가 같다면 둘 다 가짜 동전이 아니므로 오른쪽에 2번 동전을 올리고 이 과정을 반복합니다.

이렇게 저울질을 하면 마지막 n-1번 동전이 가짜 동전일 경우(최악의 경우) 저울질을 n-1번 해야 가짜 동전을 찾아낼 수 있습니다.

이와 같은 방식을 프로그램으로 만들면 다음과 같습니다.

> **TIP** 이 방법은 원하는 값을 찾기 위해 자료를 차례로 하나씩 비교하는 순차 탐색과 비슷합니다(80쪽).

● 예제 소스 p17-1-fakecoin.py

```python
# 주어진 동전 n개 중에 가짜 동전(fake)을 찾아내는 알고리즘
# 입력: 전체 동전 위치의 시작과 끝(0, n − 1)
# 출력: 가짜 동전의 위치 번호


# 무게 재기 함수
# a에서 b까지에 놓인 동전과
# c에서 d까지에 놓인 동전의 무게를 비교
# a에서 b까지에 가짜 동전이 있으면(가벼우면): −1
# c에서 d까지에 가짜 동전이 있으면(가벼우면): 1
# 가짜 동전이 없으면(양쪽 무게가 같으면): 0
def weigh(a, b, c, d):
    fake = 29   # 가짜 동전의 위치(알고리즘은 weigh() 함수를 이용하여 이 값을 맞혀야 함)
    if a <= fake and fake <= b:
        return -1
    if c <= fake and fake <= d:
        return 1
    return 0


# weigh() 함수(저울질)를 이용하여
# left에서 right까지에 놓인 가짜 동전의 위치를 찾아냄
def find_fakecoin(left, right):
    for i in range(left + 1, right + 1):   # left+1부터 right까지 반복
        # 가장 왼쪽 동전과 나머지 동전을 차례로 비교
        result = weigh(left, left, i, i)
        if result == -1:   # left 동전이 가벼움(left 동전이 가짜)
            return left
```

```
            elif result == 1:   # i 동전이 가벼움(i 동전이 가짜)
                return i
            # 두 동전의 무게가 같으면 다음 동전으로


        # 모든 동전의 무게가 같으면 가짜 동전이 없는 예외 경우
        return -1


    n = 100      # 전체 동전 개수
    print(find_fakecoin(0, n - 1))
```

```
29
```

3 방법 ②: 반씩 그룹으로 나누어 비교하기

프로그램 17-1의 방법으로도 가짜 동전을 쉽게 찾아낼 수 있습니다. 하지만 저울질을 훨씬 덜 하고도 가짜 동전을 찾아낼 수 있는 방법이 있습니다. 아이디어는 바로 동전을 절반씩 나눠서 무게를 재보는 것입니다.

주어진 동전을 절반씩 두 그룹으로 나눠서 양팔 저울에 올렸을 때 한쪽이 가볍다면 그 가벼운 쪽에 가짜 동전이 있다는 뜻입니다. 따라서 반대쪽에 있는 절반의 동전은 더는 생각할 필요가 없습니다. 가벼운 쪽에 있는 동전만을 대상으로 다시 가짜 동전을 찾으면 됩니다. 이렇게 하면 저울질 한 번으로 남은 동전 절반이 후보에서 탈락합니다. 저울질 한 번에 동전 한 개만 후보에서 탈락되던 방법 ①과 비교하면 필요한 저울질의 횟수가 눈에 띄게 줄어듭니다.

남은 동전의 개수가 홀수일 때는 어떻게 반으로 나눌까요? 예를 들어 가짜 동전 후보로 동전이 일곱 개 남아 있다고 가정해 봅시다. 7은 홀수이므로 동전 일곱 개를 똑같은 수의 두 그룹으로 나누는 것은 불가능합니다. 하지만 세 개, 세 개, 나

머지 한 개 이렇게 세 그룹으로 나눌 수는 있습니다. 세 그룹으로 나눈 후 개수가
세 개로 같은 두 그룹만 저울에 올려 보겠습니다.

왼쪽이 가볍다면 왼쪽에 올린 동전 세 개 중에 가짜 동전이 있을 것이고, 반대로
오른쪽이 가볍다면 오른쪽에 올린 동전 세 개 중에 가짜 동전이 있을 것입니다.
두 그룹의 무게가 같다면 저울에 올리지 않은 나머지 동전 하나가 가짜 동전이라
는 뜻이 됩니다.

가짜 동전을 찾는 알고리즘 ②

프로그램 17-2

● 예제 소스 p17-2-fakecoin.py

```
# 주어진 동전 n개 중에 가짜 동전(fake)을 찾아내는 알고리즘
# 입력: 전체 동전 위치의 시작과 끝(0, n - 1)
# 출력: 가짜 동전의 위치 번호


# 무게 재기 함수
# a에서 b까지에 놓인 동전과
# c에서 d까지에 놓인 동전의 무게를 비교
# a에서 b까지에 가짜 동전이 있으면(가벼우면): -1
# c에서 d까지에 가짜 동전이 있으면(가벼우면): 1
# 가짜 동전이 없으면(양쪽 무게가 같으면): 0
def weigh(a, b, c, d):
    fake = 29   # 가짜 동전의 위치(알고리즘은 weigh() 함수를 이용하여 이 값을 맞혀야 함)
    if a <= fake and fake <= b:
        return -1
    if c <= fake and fake <= d:
        return 1
    return 0
```

```
# weigh() 함수(저울질)를 이용하여
# left에서 right까지에 놓인 가짜 동전의 위치를 찾아냄
def find_fakecoin(left, right):
    # 종료 조건: 가짜 동전이 있을 범위 안에 동전이 한 개뿐이면 그 동전이 가짜 동전임
    if left == right:
        return left
    # left에서 right까지에 놓인 동전을 두 그룹(g1_left~g1_right, g2_left~g2_right)으로 나눔
    # 동전 수가 홀수면 두 그룹으로 나누고 한 개가 남음
    half = (right - left + 1) // 2
    g1_left = left
    g1_right = left + half - 1
    g2_left = left + half
    g2_right = g2_left + half - 1
    # 나눠진 두 그룹을 weigh() 함수를 이용하여 저울질함
    result = weigh(g1_left, g1_right, g2_left, g2_right)
    if result == -1:    # 그룹 1이 가벼움(가짜 동전이 이 그룹에 있음)
        # 그룹 1 범위를 재귀 호출로 다시 조사
        return find_fakecoin(g1_left, g1_right)
    elif result == 1:    # 그룹 2가 가벼움(가짜 동전이 이 그룹에 있음)
        # 그룹 2 범위를 재귀 호출로 다시 조사
        return find_fakecoin(g2_left, g2_right)
    else:    # 두 그룹의 무게가 같으면(나뉜 두 그룹 안에 가짜 동전이 없다면)
        return right    # 두 그룹으로 나뉘지 않고 남은 나머지 한 개의 동전이 가짜 동전임


n = 100    # 전체 동전 개수
print(find_fakecoin(0, n - 1))
```

**실행
결과**

29

4 알고리즘 분석

이 문제의 알고리즘 효율성을 '저울질 횟수'를 기준으로 생각해 보겠습니다.

0번 동전과 나머지 동전을 일일이 비교하는 방법인 프로그램 17-1은 저울질이 최대 n-1번 필요합니다. 즉, 계산 복잡도가 O(n)입니다.[*]

동전 n개를 절반씩 나누어 후보를 좁히며 비교하는 방법인 프로그램 17-2는 계산 복잡도가 O(logn)입니다.[**]

셋째 마당 탐색과 정렬에서 배운 내용을 잘 기억하는 독자라면 순차 탐색과 이분 탐색이 떠올랐을 것입니다. 탐색 문제를 풀 때 문제 7의 순차 탐색에서는 하나씩 비교하여 값을 찾아내므로 계산 복잡도가 O(n)였습니다. 문제 12의 이분 탐색에서는 리스트가 이미 정렬되어 있다는 것을 전제로, 중간 값을 비교한 후 값이 있을 가능성이 없는 절반을 제외해 나가면서 값을 찾아내므로 계산 복잡도가 O(logn)이었습니다.

리스트 탐색 문제와 가짜 동전 문제는 겉으로 볼 때는 전혀 다른 문제로 보이지만, 잘 생각해 보면 구조가 비슷한 문제라는 것을 알 수 있습니다.

---

[*] 사실 마지막 동전은 저울에 올려보지 않아도 알 수 있기 때문에 n-2번 저울질로도 가짜 동전을 찾아낼 수 있습니다(계산 복잡도는 O(n)으로 같습니다).

[**] 만약 주어진 동전을 세 그룹으로 나누면 O(log₃n)으로도 가짜 동전을 찾을 수 있습니다(이 계산 복잡도는 O(logn)과 같습니다).

최대 수익 알고리즘

ALGORITHMS FOR EVERYONE

어떤 주식에 대해 특정 기간 동안의 가격 변화가 주어졌을 때, 그 주식 한 주를 한 번 사고 팔아 얻을 수 있는 최대 수익을 계산하는 알고리즘을 만들어 보세요.

이번 문제는 주식을 거래해서 얻을 수 있는 최대 수익(이익)을 구하는 문제입니다. 최대 수익을 계산하는 단순한 상황이므로 주식을 잘 모르는 사람도 어렵지 않게 이해할 수 있을 것입니다.

어떤 주식의 가격이 표 18-1과 같이 매일 변했다고 합니다.

표 18-1
날짜별 주식 가격

날짜	주가(원)	날짜	주가(원)
6/1	10,300	6/8	8,300
6/2	9,600	6/9	9,500
6/3	9,800	6/10	9,800
6/4	8,200	6/11	10,200
6/5	7,800	6/12	9,500

이 주식 한 주를 한 번 사고팔아 얻을 수 있는 최대 수익은 얼마일까요? 단, 손해가 나면 주식을 사고팔지 않아도 됩니다. 따라서 최대 수익은 항상 0 이상의 값입니다.

문제 분석과 모델링

주식 거래로 수익을 내는 가장 좋은 방법은 '가장 쌀 때 사서 가장 비쌀 때 파는 것'입니다. 얼핏 생각하면 주가(주식의 가격)의 최댓값에서 주가의 최솟값을 뺀 것으로 착각하기 쉽습니다. 표 18-1을 예로 들면, 6월 1일의 주가 10,300원이 최댓값이고 6월 5일의 주가 7,800원이 최솟값입니다. 하지만 아직 사지도 않은 주식을 6월 1일에 먼저 팔고 6월 5일에 주식을 살 수는 없으므로 단순히 최댓값과 최솟값을 구하는 것만으로는 올바른 답을 얻을 수 없습니다.[*]

그렇다면 이 문제를 어떻게 풀어야 할까요? 마찬가지로 주어진 자료를 모델링하여 파이썬 프로그램으로 만들어야 합니다. 우리에게 주어진 정보는 날짜와 주가 정보인데, 가만히 생각해 보면 이 문제는 얻을 수 있는 최대 수익만 물어보았으므로 정확한 날짜 정보는 없어도 상관없습니다. 따라서 정보를 단순화하여 각 날의 주식 가격만 뽑아 stock이라는 리스트로 만듭니다.

```
stock = [10300, 9600, 9800, 8200, 7800, 8300, 9500, 9800, 10200, 9500]
```

이제 이 리스트 값을 이용해서 얻을 수 있는 최대 수익을 계산해 봅시다!

---

[*] 주식을 빌려서 먼저 팔고 나중에 갚는 공매도 제도가 있는 주식 시장도 있지만, 이 문제에서는 생각하지 않겠습니다.

2 방법 ①: 가능한 모든 경우를 비교하기

일단 생각할 수 있는 가장 간단한 방법은 주식을 살 수 있는 모든 날과 팔 수 있는 모든 날의 주가를 비교해서 가장 큰 수익을 찾는 것입니다.

예를 들어 첫째 날 10,300원에 주식을 샀다면 둘째 날부터의 주식 가격인 9,600원, 9,800원 … 9,500원 중 하나로 주식을 팔 기회가 생깁니다. 마찬가지로 둘째 날 9,600원에 주식을 샀다면 셋째 날부터의 주식 가격인 9,800원, 8,200원 … 9,500원 중 하나로 주식을 팔 기회가 생깁니다.

이런 식으로 모든 경우를 비교해서 가장 큰 이익을 내는 경우를 찾으면 원하는 최대 수익을 계산할 수 있습니다. 기억력이 좋은 사람이라면 문제 3 동명이인 찾기에서 가능한 모든 사람을 비교하던 방식과 똑같다는 것을 눈치챘을 것입니다.

프로그램 3-1의 다음 부분이 기억나요?

```
# 리스트 안에 있는 n개 자료를 빠짐없이 한 번씩 비교하는 방법
for i in range(0, n - 1):
    for j in range(i + 1,  n):
            # i와 j로 필요한 비교
```

이 경우 비교 횟수는 $\frac{n(n-1)}{2}$번이고 계산 복잡도는 $O(n^2)$이었습니다.

최대 수익을 구하는 알고리즘 ①

프로그램 18-1

🔵 **예제 소스** p18-1-maxprofit.py

```
# 주어진 주식 가격을 보고 얻을 수 있는 최대 수익을 구하는 알고리즘
# 입력: 주식 가격의 변화 값(리스트: prices)
# 출력: 한 주를 한 번 사고팔아 얻을 수 있는 최대 수익 값
```

```python
def max_profit(prices):
    n = len(prices)
    max_profit = 0      # 최대 수익은 항상 0 이상의 값

    for i in range(0, n - 1):
        for j in range(i + 1, n):
            # i날에 사서 j날에 팔았을 때 얻을 수 있는 수익
            profit = prices[j] - prices[i]
            # 이 수익이 지금까지 최대 수익보다 크면 값을 고침
            if profit > max_profit:
                max_profit = profit

    return max_profit

stock = [10300, 9600, 9800, 8200, 7800, 8300, 9500, 9800, 10200, 9500]
print(max_profit(stock))
```

실행
결과

```
2400
```

3 방법 ②: 한 번 반복으로 최대 수익 찾기

모든 경우를 비교하는 방법인 프로그램 18-1은 간단하고 직관적이지만, 불필요한 비교를 너무 많이 합니다. 생각을 조금 바꿔 보면 훨씬 효율적인 방법을 떠올릴 수 있습니다.

프로그램 18-1이 사는 날을 중심으로 생각한 것이라면 이번에는 파는 날을 중심으로 생각을 바꿔보겠습니다. 예를 들어 6월 10일에 9,800원을 받고 주식을 팔았다고 가정해 봅시다. 이때 얻을 수 있는 최고 수익은 6월 10일 이전에 가장 주가가

낮았던 날인 6월 5일에 7,800원에 산 경우이므로 2,000원입니다. 만약 6월 11일에 10,200원에 팔았다면, 6월 5일 7,800원과의 차이인 2,400원이 최대 수익입니다. 즉, 파는 날을 기준으로 이전 날들의 주가 중 최솟값만 알면 최대 수익을 쉽게 계산할 수 있습니다. 이 아이디어를 조금 더 체계적으로 적어 보면 다음과 같습니다.

1 │ 최대 수익을 저장하는 변수를 만들고 0을 저장합니다.

2 │ 지금까지의 최저 주가를 저장하는 변수를 만들고 첫째 날의 주가를 기록합니다.

3 │ 둘째 날의 주가부터 마지막 날의 주가까지 반복합니다.

4 │ 반복하는 동안 그날의 주가에서 최저 주가를 뺀 값이 현재 최대 수익보다 크면 최대 수익 값을 그 값으로 고칩니다.

5 │ 그날의 주가가 최저 주가보다 낮으면 최저 주가 값을 그날의 주가로 고칩니다.

6 │ 처리할 날이 남았으면 4번 과정으로 돌아가 반복하고, 다 마쳤으면 최대 수익에 저장된 값을 결괏값으로 돌려주고 종료합니다.

최대 수익을 구하는 알고리즘 ②

프로그램 18-2

◉ 예제 소스 p18-2-maxprofit.py

```
# 주어진 주식 가격을 보고 얻을 수 있는 최대 수익을 구하는 알고리즘
# 입력: 주식 가격의 변화 값(리스트: prices)
# 출력: 한 주를 한 번 사고팔아 얻을 수 있는 최대 수익 값

def max_profit(prices):
    n = len(prices)
    max_profit = 0              # 최대 수익은 항상 0 이상의 값
    min_price = prices[0]       # 첫째 날의 주가를 주가의 최솟값으로 기억
    for i in range(1, n):       # 1부터 n-1까지 반복
```

```
                    # 지금까지의 최솟값에 주식을 사서 i날에 팔 때의 수익
        profit = prices[i] - min_price
        if profit > max_profit:        # 이 수익이 지금까지 최대 수익보다 크면 값을 고침
            max_profit = profit
        if prices[i] < min_price:      # i날 주가가 최솟값보다 작으면 값을 고침
            min_price = prices[i]


    return max_profit

stock = [10300, 9600, 9800, 8200, 7800, 8300, 9500, 9800, 10200, 9500]
print(max_profit(stock))
```

실행
결과

```
2400
```

4 알고리즘 분석

잠깐만 봐도 첫 번째 알고리즘보다 두 번째 알고리즘이 더 효율적이라는 것을
알 수 있습니다. 그러면 각각의 계산 복잡도는 어떻게 될까요?

모든 경우를 비교한 첫 번째 알고리즘(프로그램 18-1)은 문제 3 동명이인 찾기
와 비슷한 구조입니다. 모든 이름을 일일이 비교하면서 찾는 방식으로 계산 복잡
도는 $O(n^2)$입니다.

반면, 리스트를 한 번 탐색하면서 최대 수익을 계산한 두 번째 알고리즘(프로그
램 18-2)은 문제 2 최댓값 찾기와 비슷한 구조로 계산 복잡도는 $O(n)$입니다.

입력 크기가 커질수록, 즉 더 많은 날의 주가가 입력으로 주어질수록 두 번째 알
고리즘이 첫 번째 알고리즘보다 결과를 훨씬 빨리 낼 거라고 충분히 예상할 수
있습니다.

그런데 실제로는 얼마나 차이가 날까요? 궁금한 독자들을 위해 최대 수익 문제를 두 가지 다른 방법으로 풀 때 걸리는 시간을 비교하는 프로그램을 만들어 보았습니다.

> **TIP**
> 컴퓨터 환경에 따라 입력 크기가 작을 때 알고리즘의 수행 시간이 너무 짧아 0초로 측정될 수 있습니다. 따라서 이런 예외 상황에는 두 알고리즘의 시간 차이 배수를 0으로 출력하게 하였습니다.

최대 수익을 구하는 두 알고리즘의 계산 속도를 비교하기

프로그램 18-3

◉ **예제 소스** p18-3-compare.py

```python
# 최대 수익 문제를 푸는 두 알고리즘의 계산 속도 비교하기
# 최대 수익 문제를 O(n*n)과 O(n)으로 푸는 알고리즘을 각각 수행하여
# 걸린 시간을 출력/비교함

import time      # 시간 측정을 위한 time 모듈
import random    # 테스트 주가 생성을 위한 random 모듈

# 최대 수익: 느린 O(n*n) 알고리즘
def max_profit_slow(prices):
    n = len(prices)
    max_profit = 0

    for i in range(0, n - 1):
        for j in range(i + 1, n):
            profit = prices[j] - prices[i]
            if profit > max_profit:
                max_profit = profit
    return max_profit
```

```python
# 최대 수익: 빠른 O(n) 알고리즘
def max_profit_fast(prices):
    n = len(prices)
    max_profit = 0
    min_price = prices[0]

    for i in range(1, n):
        profit = prices[i] - min_price
        if profit > max_profit:
            max_profit = profit
        if prices[i] < min_price:
            min_price = prices[i]

    return max_profit


def test(n):
    # 테스트 자료 만들기(5000부터 20000까지의 난수를 주가로 사용)
    a = []
    for i in range(0, n):
        a.append(random.randint(5000, 20000))
    # 느린 O(n*n) 알고리즘 테스트
    start = time.time()          # 계산 시작 직전 시각을 기억
    mps = max_profit_slow(a)     # 계산 수행
    end = time.time()            # 계산 시작 직후 시각을 기억
    time_slow = end - start      # 직후 시각에서 직전 시각을 빼면 계산에 걸린 시간
    # 빠른 O(n) 알고리즘 테스트
    start = time.time()          # 계산 시작 직전 시각을 기억
    mpf = max_profit_fast(a)     # 계산 수행
    end = time.time()            # 계산 시작 직후 시각을 기억
    time_fast = end - start      # 직후 시각에서 직전 시각을 빼면 계산에 걸린 시간
    # 결과 출력: 계산 결과
    print(n, mps, mpf)  # 입력 크기, 각각 알고리즘이 계산한 최대 수익 값(같아야 함)
```

```python
        # 결과 출력: 계산 시간 비교
        m = 0    # 느린 알고리즘과 빠른 알고리즘의 수행 시간 비율을 저장할 변수
        if time_fast > 0:    # 컴퓨터 환경에 따라 빠른 알고리즘 시간이 0으로 측정될 수 있음
                             # 이럴 때는 0을 출력
            m = time_slow / time_fast    # 느린 알고리즘 시간 / 빠른 알고리즘 시간
        # 입력 크기, 느린 알고리즘 수행 시간, 빠른 알고리즘 수행 시간, 계산 시간 차이
        # %d는 정수 출력, %.5f는 소수점 다섯 자리까지 출력을 의미
        print("%d %.5f %.5f %.2f" % (n, time_slow, time_fast, m))


test(100)
test(10000)
# test(100000)    # 수행 시간이 오래 걸리므로 일단 주석 처리
```

**실행
결과**

프로그램 18-3을 필자의 컴퓨터에서 실행해 본 결과는 표 18-2와 같습니다.

입력 크기 n	최대 수익	느린 알고리즘 수행 시간	빠른 알고리즘 수행 시간	느린 알고리즘 시간 / 빠른 알고리즘 시간
100	14658	0.00061초	0.00002초	40.87
10000	14996	6.09124초	0.00167초	3653.97
100000	15000	819.66065초	0.01953초	41969.70

표 18-2
입력 크기에 따른 프로그램
18-3의 실행 결과

※ Intel i7 2.7Ghz, macOS 10.12.3, Python 3.6.0 환경에서 테스트한 결과

**알아
보기**

실행 결과를 보면 입력 크기를 100으로 입력했을 때는 빠른 알고리즘과 느린 알고리즘의 계산 시간 차이가 40배 정도 납니다. 그러다 입력 크기를 10,000과 100,000으로 입력했더니 차이가 3,700배와 42,000배로 급격히 벌어지는 것을 확인할 수 있습니다. 입력 크기가 더 커진다면 두 알고리즘으로 답을 찾는 데 걸리는 시간의 격차는 훨씬 더 벌어질 것입니다.

컴퓨터와 스마트폰과 인터넷이 나날이 발전하고 빅데이터가 보편된 요즈음, 컴퓨터가 처리해야 할 데이터의 양, 즉 알고리즘에 주어지는 입력 크기는 기하급수적으로 늘어나고 있습니다. 이것이 바로 조금이라도 더 효율적인 알고리즘을 개발하려는 노력이 중요해지는 이유입니다.

마치는 글

ALGORITHMS FOR EVERYONE

"알고리즘이란 무엇인가?"라는 질문에서 시작한 알고리즘 여행은 지금까지 풀어 본 열여덟 개의 문제를 끝으로 마무리 짓겠습니다.

우리가 풀어 본 문제들은 알고리즘의 기초를 설명하기 위해 고른 대체로 쉬운 문제였습니다. 하지만 현대 컴퓨터 과학이 풀고 있는 수많은 알고리즘 난제들도 주어진 문제를 풀어 입력에 대해 최적의 답을 찾아가는 과정이라는 점에서 우리가 배운 문제와 일맥상통합니다.

예를 들어, 2016년에 이세돌 9단과 바둑 대결을 하여 뜨거운 화제를 모았던 인공지능 바둑 프로그램 알파고의 알고리즘도 (많이) 단순화하면 다음과 같이 설명할 수 있습니다.

- 문제: 바둑 게임에서 이길 확률을 가장 높일 수 있는 바둑 수 찾기
- 입력: 현재까지 바둑 게임의 상태(바둑판에 놓인 돌의 상태, 바둑돌이 놓인 순서)
- 출력: 다음 바둑돌을 놓을 위치 (x, y)

결국 알파고는 이 알고리즘을 계속 수행하면서 바둑 게임에서 이길 확률을 가장 높일 수 있는 바둑 수를 출력하는 컴퓨터 프로그램인 것입니다(알고리즘의 출력 값을 확인하고 실제로 이세돌 9단 앞에서 바둑돌을 놓는 건 아자 황이라는 '사람'이었습니다).

한편, 인공지능 바둑 알고리즘이 인간 챔피언을 이기는 것이 체스보다 19년이나 늦어진 이유는 바둑 알고리즘의 계산 복잡도가 체스 알고리즘의 계산 복잡도보다 훨씬 더 높기 때문입니다.

체스가 8×8 = 64칸 보드 위에서 펼쳐지는 게임이라면, 바둑은 19×19, 무려 361칸 보드 위에서 펼쳐지는 게임이라는 것만 생각해도 바둑의 계산 복잡도가 훨씬 더 높을 거라 짐작할 수 있습니다. 실제로 바둑은 계산 복잡도가 엄청나게 높은 문제입니다. 지금까지 아무리 빠른 컴퓨터로도 바둑 게임의 제한 시간 안에 제대로 된 출력을 낼 수 없었습니다. 제한 시간 안에 겨우 답을 내는 알고리즘이 있다 해도 그 결괏값의 품질이 프로 기사의 바둑 실력을 이기기에는 역부족이었습니다.

알파고의 승리는 매 대결을 통해 얻은 경험으로 자신을 스스로 발전시키는 '기계 학습 알고리즘', 수천 개의 컴퓨터 프로세서를 동시에 사용해서 빠른 계산을 하는 '병렬 처리 알고리즘' 등 수많은 첨단 알고리즘이 고성능 최신 컴퓨터 시스템의 도움을 받아 얻어낸 결과입니다.

알고리즘의 발전은 쇼핑몰에 직접 가지 않아도 집에서 필요한 물건을 살 수 있도록 돕고, 지구 반대편에 있는 친구와 얼굴을 보며 대화하게 해 주었습니다. 머지 않은 미래에는 사람이 아닌 컴퓨터가 자동차를 운전하고, 인공지능으로 동작하는 인명 구조 로봇이 활약하는 것을 보게 될 것입니다.

이렇게 컴퓨터와 알고리즘이 발전하면 발전할수록 우리는 그동안 관심 갖지 못했던 세상의 수많은 문제들을 컴퓨터 알고리즘을 이용해서 풀려고 노력할 것입니다. 더 많은 알고리즘 문제가 생겨나고 더 많은 해답이 생겨날 것입니다. 물론 이미 답을 얻은 문제들의 계산 복잡도를 개선하려는 노력 또한 계속될 것입니다.

컴퓨터 알고리즘의 세계는 여러분의 도전을 기다리고 있습니다.

부록

부록 A 연습 문제 풀이

ALGORITHMS FOR EVERYONE

문제 1 1부터 n까지의 합 구하기

■ 1-1 1부터 n까지 제곱의 합을 구하는 프로그램

⊙ 예제 소스 e01-1-sumsq.py

```python
# 연속한 숫자의 제곱의 합을 구하는 알고리즘
# 입력: n
# 출력: 1부터 n까지 연속한 숫자의 제곱을 더한 값

def sum_sq(n):
    s = 0
    for i in range(1, n + 1):
        s = s + i * i
    return s

print(sum_sq(10))     # 1부터 10까지 제곱의 합(입력: 10, 출력: 385)
print(sum_sq(100))    # 1부터 100까지 제곱의 합(입력: 100, 출력: 338350)
```

⊙ 실행 결과

```
385
338350
```

■ 1-2 계산 복잡도

O(n)입니다. 곱셈 n번, 덧셈 n번으로 사칙연산이 총 2n번 필요하지만, O(n)으로 표현합니다.

■ 1-3 계산 복잡도(공식 이용)

O(1)입니다. 덧셈 두 번, 곱셈 세 번, 나눗셈 한 번으로 사칙연산이 총 여섯 번 필요하지만, 이 값은 n의 크기와 상관없이 일정한 값이므로 O(1)로 표현합니다.

● 예제 소스 e01-3-sumsq.py

```python
# 연속한 숫자의 제곱의 합을 구하는 알고리즘
# 입력: n
# 출력: 1부터 n까지 연속한 숫자의 제곱을 더한 값

def sum_sq(n):
    return n * (n + 1) * (2 * n + 1) // 6

print(sum_sq(10))    # 1부터 10까지 제곱의 합(입력: 10, 출력: 385)
print(sum_sq(100))   # 1부터 100까지 제곱의 합(입력: 100, 출력: 338350)
```

● 실행 결과

```
385
338350
```

최댓값 찾기

■ 2-1 최솟값 구하기 프로그램

● 예제 소스 e02-1-findmin.py

```python
# 최솟값 구하기
# 입력: 숫자가 n개 들어 있는 리스트
# 출력: 숫자 n개 중 최솟값

def find_min(a):
    n = len(a)       # 입력 크기 n
    min_v = a[0]     # 리스트 중 첫 번째 값을 일단 최솟값으로 기억
    for i in range(1, n):      # 1부터 n-1까지 반복
        if a[i] < min_v:       # 이번 값이 현재까지 기억된 최솟값보다 작으면
            min_v = a[i]       # 최솟값을 변경
    return min_v

v = [17, 92, 18, 33, 58, 7, 33, 42]
print(find_min(v))
```

● 실행 결과

```
7
```

동명이인 찾기 ①

■ 3-1 두 명을 뽑아 짝으로 만드는 프로그램

사람이 총 n명일 때 두 명을 뽑아 짝으로 만드는 방법은 동명이인 찾기 문제에서
비교 부분을 출력 문장으로 고치면 쉽게 풀 수 있습니다.

● 예제 소스 e03-1-pairing.py

```python
# n명에서 두 명을 뽑아 짝으로 만드는 모든 경우를 찾는 알고리즘
# 입력: n명의 이름이 들어 있는 리스트
# 출력: 두 명을 뽑아 만들 수 있는 모든 짝

def print_pairs(a):
    n = len(a)                      # 리스트의 자료 개수를 n에 저장
    for i in range(0, n - 1):       # 0부터 n-2까지 반복
        for j in range(i + 1, n):   # i+1부터 n-1까지 반복
            print(a[i], "-", a[j])

name = ["Tom", "Jerry", "Mike"]
print_pairs(name)
print()
name2 = ["Tom", "Jerry", "Mike", "John"]
print_pairs(name2)
```

● 실행 결과

```
Tom - Jerry
Tom - Mike
Jerry - Mike


Tom - Jerry
```

```
Tom — Mike

Tom — John

Jerry — Mike

Jerry — John

Mike — John
```

참고로 n명에서 두 명을 뽑아 짝으로 만들면 짝 조합이 $\dfrac{n(n-1)}{2}$ 가지 출력됩니다. 이 경우의 수를 $_nC_2$라고도 표현합니다.

■ 3-2 대문자 O 표기법

A $65536 \rightarrow O(1)$

65536은 n 값의 변화와 관계가 없습니다.

B $n-1 \rightarrow O(n)$

n이 굉장히 커지면 -1은 거의 영향이 없어집니다.

C $\dfrac{2n^2}{3}+10000n \rightarrow O(n^2)$

n이 굉장히 커지면 $\dfrac{2n^2}{3}$과 비교했을 때 $10000n$의 영향은 작아집니다. 제곱에 비례한다는 관계가 핵심이므로 계수 $\dfrac{2}{3}$도 생략됩니다.

D $3n^4-4n^3+5n^2-6n+7 \rightarrow O(n^4)$

n의 변화에 따라 가장 크게 변하는 항을 계수를 생략하여 표현합니다.

대문자 O 표기법의 정확한 수학적 정의에 따르면, 한 식에 대한 대문자 O 표기법은 딱 하나만 정답이 아닙니다. 하지만 O 뒤에 붙은 소괄호 안에 담긴 값을 최대한 간단히 적는 것이 가장 일반적인 방식입니다. 대문자 O 표기법의 정의가 궁금하다면 다음 링크를 참고하기 바랍니다.

• https://ko.wikipedia.org/wiki/점근_표기법

팩토리얼 구하기

■ 4-1 재귀 호출을 이용해 1부터 n까지의 합 구하기

종료 조건: n = 0 → 결괏값 0

재귀 호출 조건: n까지의 합 = n−1까지의 합 + n

● **예제 소스** e04-1-sum.py

```python
# 연속한 숫자의 합을 구하는 알고리즘
# 입력: n
# 출력: 1부터 n까지 연속한 숫자를 더한 값

def sum_n(n):
    if n == 0:
        return 0
    return sum_n(n - 1) + n

print(sum_n(10))    # 1부터 10까지의 합(입력: 10, 출력: 55)
print(sum_n(100))   # 1부터 100까지의 합(입력: 100, 출력: 5050)
```

● **실행 결과**

```
55
5050
```

■ 4-2 재귀 호출을 이용한 최댓값 찾기

- 종료 조건: 자료 값이 한 개면(n = 1) 그 값이 최댓값
- 재귀 호출 조건: n개 자료 중 최댓값 → n−1개 자료 중 최댓값과 n−1번
  위치 값 중 더 큰 값

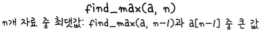

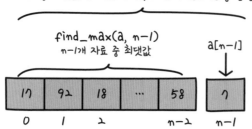

● 예제 소스 e04-2-findmax.py

```
# 최댓값 구하기
# 입력: 숫자가 n개 들어 있는 리스트
# 출력: 숫자 n개 중 최댓값

def find_max(a, n):    # 리스트 a의 앞부분 n개 중 최댓값을 구하는 재귀 함수
    if n == 1:
        return a[0]
    max_n_1 = find_max(a, n - 1)  # n−1개 중 최댓값을 구함
    if max_n_1 > a[n - 1]:        # n−1개 중 최댓값과 n−1번 위치 값을 비교
        return max_n_1
    else:
        return a[n - 1]

v = [17, 92, 18, 33, 58, 7, 33, 42]
print(find_max(v, len(v)))   # 함수에 리스트의 자료 개수를 인자로 추가하여 호출
```

```
92
```

최대공약수 구하기

■ 5-1 재귀 호출을 이용한 피보나치 수열 구하기

- 종료 조건: n = 0 → 결괏값 0, n = 1 → 결괏값 1
- 재귀 호출 조건: n번 피보나치 수 = n−2번 피보나치 수 + n−1번 피보나치 수

● 예제 소스 e05-1-fibonacci.py

```python
# n번째 피보나치 수열 찾기
# 입력: n 값(0부터 시작)
# 출력: n번째 피보나치 수열 값

def fibo(n):
    if n <= 1:
        return n  #n=0 −> 0 | n=1 −> 1
    return fibo(n - 2) + fibo(n - 1)

print(fibo(7))
print(fibo(10))
```

● 실행 결과

```
13
55
```

하노이의 탑 옮기기

■ 6-1 재귀 호출을 이용한 그림 그리기

부록 D를 참고하세요.

순차 탐색

■ 7-1 리스트에서 특정 숫자의 위치를 전부 찾기

● **예제 소스** e07-1-searchall.py

```python
# 리스트에서 특정 숫자의 위치를 전부 찾기
# 입력: 리스트 a, 찾는 값 x
# 출력: 찾는 값의 위치 번호가 담긴 리스트, 찾는 값이 없으면 빈 리스트 []

def search_list(a, x):
    n = len(a)      # 입력 크기 n
    result = []     # 새 리스트를 만들어 결괏값을 저장
    for i in range(0, n):      # 리스트 a의 모든 값을 차례로
        if x == a[i]:          # x 값과 비교하여
            result.append(i)   # 같으면 위치 번호를 결과 리스트에 추가

    return result   # 만들어진 결과 리스트를 돌려줌

v = [17, 92, 18, 33, 58, 7, 33, 42]
print(search_list(v, 18))    # [2]    (순서상 세 번째지만, 위치 번호는 2)
print(search_list(v, 33))    # [3, 6] (33은 리스트에 두 번 나옴)
print(search_list(v, 900))   # []     (900은 리스트에 없음)
```

```
[2]
[3, 6]
[]
```

■ 7-2 프로그램 7-1의 계산 복잡도

O(n)입니다. 연습 문제 7-1 프로그램은 찾는 값이 탐색 중간에 나오더라도 탐색을 멈추지 않고 혹시 더 있을 자료 값을 찾기 위해 끝까지 탐색을 해야 합니다. 따라서 어떤 경우에도 비교가 n번 필요합니다.

■ 7-3 학생 번호에 해당하는 학생 이름 찾기

● 예제 소스 e07-3-getname.py

```python
# 학생 번호에 해당하는 학생 이름 찾기
# 입력: 학생 번호 리스트 s_no, 학생 이름 리스트 s_name, 찾는 학생 번호 find_no
# 출력: 해당하는 학생 이름, 해당하는 학생 이름이 없으면 물음표 "?"

def get_name(s_no, s_name, find_no):
    n = len(s_no)                  # 입력 크기 n
    for i in range(0, n):
        if find_no == s_no[i]:     # 학생 번호가 찾는 학생 번호와 같으면
            return s_name[i]       # 해당하는 학생 이름을 결과로 반환

    return "?"                     # 자료를 다 뒤져서 못 찾았으면 물음표 반환

sample_no = [39, 14, 67, 105]
sample_name = ["Justin", "John", "Mike", "Summer"]
```

```
print(get_name(sample_no, sample_name, 105))
print(get_name(sample_no, sample_name, 777))
```

● 실행 결과

```
Summer
?
```

 문 제 8

선택 정렬

■ 8-1 선택 정렬 과정

일반적인 선택 정렬은 처리할 대상 범위에서 최솟값을 찾아 그 값과 범위의 맨 앞에 있는 값을 서로 바꾸는 과정을 반복합니다. 이 과정이 한 번 끝날 때마다 범위 안의 맨 앞에 있는 값은 정렬이 끝난 것이므로 정렬 대상 범위에서 제외합니다.

이해를 돕기 위해 이미 정렬이 끝난 부분과 앞으로 처리될 대상 범위 사이에 세로 선(|)을 넣어 구분하였습니다.

| 2 4 5 1 3 ← 시작. 전체 리스트인 2, 4, 5, 1, 3을 대상으로 최솟값을 찾습니다.

| **1** 4 5 **2** 3 ← 최솟값 1을 대상의 가장 왼쪽 값인 2와 바꿉니다.

1 | 4 5 2 3 ← 1을 대상에서 제외하고 4, 5, 2, 3에서 최솟값을 찾습니다.

1 | **2** 5 **4** 3 ← 4, 5, 2, 3 중 최솟값인 2를 4와 바꿉니다.

1 2 | 5 4 3 ← 2를 대상에서 제외하고 5, 4, 3에서 최솟값을 찾습니다.

1 2 | **3** 4 **5** ← 5, 4, 3 중 최솟값인 3을 5와 바꿉니다.

1 2 3 | 4 5 ← 3을 대상에서 제외하고 4, 5에서 최솟값을 찾습니다.

1 2 3 | **4** 5 ← 최솟값 4를 4와 바꿉니다(변화 없음).

1 2 3 4 | 5 ← 4를 대상에서 제외합니다. 자료가 5 하나만 남았으므로 종료합니다.

1 2 3 4 5 | ← 최종 결과

정렬 중간 결과 출력하기

다음과 같이 함수 반복 부분에 print(a)를 추가하면 정렬 과정의 중간 결과를 화면에서 쉽게 확인할 수 있습니다.

```python
def sel_sort(a):
    n = len(a)
    for i in range(0, n - 1):
        min_idx = i
        for j in range(i + 1, n):
            if a[j] < a[min_idx]:
                min_idx = j
        a[i], a[min_idx] = a[min_idx], a[i]
        print(a)        # 정렬 과정 출력하기

d = [2, 4, 5, 1, 3]
sel_sort(d)
print(d)
```

■ 8-2 내림차순 선택 정렬

오름차순 선택 정렬에서 최솟값 대신 최댓값을 선택하면 내림차순 정렬(큰 수에서 작은 수로 나열)이 됩니다.

다음과 같이 비교 부등호 방향을 작다(〈)에서 크다(〉)로 바꾸기만 해도 내림차순 정렬 프로그램이 됩니다. 여기서는 변수 이름의 의미를 맞추려고 변수 min_idx를 max_idx로 바꾸었습니다.

● **예제 소스** e08-2-ssort.py

```python
# 내림차순 선택 정렬
# 입력: 리스트 a
# 출력: 없음(입력으로 주어진 a가 정렬됨)
```

```
def sel_sort(a):
    n = len(a)
    for i in range(0, n - 1):
        max_idx = i    # 최솟값(min) 대신 최댓값(max)을 찾아야 함
        for j in range(i + 1, n):
            if a[j] > a[max_idx]:    # 부등호 방향 뒤집기
                max_idx = j
        a[i], a[max_idx] = a[max_idx], a[i]

d = [2, 4, 5, 1, 3]
sel_sort(d)
print(d)
```

◉ 실행 결과

```
[5, 4, 3, 2, 1]
```

삽입 정렬

■ 9-1 삽입 정렬 과정

일반적인 삽입 정렬은 처리할 대상 범위에 있는 맨 앞 값을 적절한 위치에 넣는 과정을 반복합니다. 이 과정이 한 번 끝날 때마다 대상 범위에 있는 맨 앞의 값이 제 위치를 찾아 가므로 정렬 대상 범위는 하나씩 줄어듭니다.

이해를 돕기 위해 이미 정렬이 끝난 부분과 앞으로 처리될 대상 범위 사이에 세로선(|)을 넣어 구분하였습니다.

| 2 4 5 1 3 ←시작

2 | 4 5 1 3 ← 맨 앞에 있는 2는 옮기지 않아도 됩니다.

2 | 4 5 1 3 ← 4의 위치를 맞춥니다. 2 바로 다음이므로 위치가 변하지 않습니다.

2 4 | 5 1 3 ← 대상 범위를 하나 줄입니다.

2 4 | 5 1 3 ← 5의 위치를 맞춥니다. 4 바로 다음이므로 이번에도 위치가 그대로입니다.

2 4 5 | 1 3 ← 대상 범위를 하나 줄입니다.

1 2 4 | 5 3 ← 1의 위치를 맞춥니다. 1은 2, 4, 5보다 작으므로 이 값들을 한 칸씩 오른쪽으로 옮긴 다음
비어 있는 공간에 1을 넣습니다.

1 2 4 5 | 3 ← 대상 범위를 하나 줄입니다.

1 2 3 4 | 5 ← 마지막으로 3의 위치를 맞춥니다. 3은 4, 5보다 작으므로 4와 5를 한 칸씩 오른쪽으로 옮
긴 다음 비어 있는 공간에 3을 넣습니다.

1 2 3 4 5 | ← 대상 범위를 하나 줄입니다. 더는 자료가 없으므로 종료합니다(최종 결과).

■ 9-2 내림차순 삽입 정렬

오름차순 정렬에서 키(key)를 비교하는 부분(a[j] > key)의 부등호를 반대로 하
면 내림차순 정렬 프로그램이 됩니다.

◉ 예제 소스 e09-2-isort.py

```python
# 내림차순 삽입 정렬
# 입력: 리스트 a
# 출력: 없음(입력으로 주어진 a가 정렬됨)

def ins_sort(a):
    n = len(a)
    for i in range(1, n):
        key = a[i]
        j = i - 1
        while j >= 0 and a[j] < key:   # 부등호 방향 뒤집기
            a[j + 1] = a[j]
            j -= 1
        a[j + 1] = key

d = [2, 4, 5, 1, 3]
ins_sort(d)
print(d)
```

● **실행 결과**

```
[5, 4, 3, 2, 1]
```

병합 정렬

■ 10-1 내림차순 병합 정렬

오름차순 정렬에서 값을 비교하는 부분(g1[i1] < g2[i2])의 부등호 방향을 반대로 하면 내림차순 정렬 프로그램이 됩니다.

● **예제 소스** e10-1-msort.py

```python
# 내림차순 병합 정렬
# 입력: 리스트 a
# 출력: 없음(입력으로 주어진 a가 정렬됨)

def merge_sort(a):
    n = len(a)
    # 종료 조건: 정렬할 리스트의 자료 개수가 한 개 이하이면 정렬할 필요가 없음
    if n <= 1:
        return
    # 그룹을 나누어 각각 병합 정렬을 호출하는 과정
    mid = n // 2
    g1 = a[:mid]
    g2 = a[mid:]
    merge_sort(g1)
    merge_sort(g2)
    # 두 그룹을 합치는 과정(병합)
    i1 = 0
    i2 = 0
```

```
        ia = 0
        while i1 < len(g1) and i2 < len(g2):
            if g1[i1] > g2[i2]:    # 부등호 방향 뒤집기
                a[ia] = g1[i1]
                i1 += 1
                ia += 1
            else:
                a[ia] = g2[i2]
                i2 += 1
                ia += 1
        while i1 < len(g1):
            a[ia] = g1[i1]
            i1 += 1
            ia += 1
        while i2 < len(g2):
            a[ia] = g2[i2]
            i2 += 1
            ia += 1

d = [6, 8, 3, 9, 10, 1, 2, 4, 7, 5]
merge_sort(d)
print(d)
```

● 실행 결과

```
[10, 9, 8, 7, 6, 5, 4, 3, 2, 1]
```

퀵 정렬

■ 11-1 거품 정렬

[**2 4** 5 1 3] ← 2 〈 4이므로 그대로 둡니다.

[2 **4 5** 1 3] ← 4 〈 5이므로 그대로 둡니다.

[2 4 **5 1** 3] ← 5 〉 1이므로 5와 1의 위치를 서로 바꿉니다.

[2 4 1 **5 3**] ← 5 〉 3이므로 5와 3의 위치를 서로 바꿉니다.

[**2 4** 1 3 5] ← 다시 앞에서부터 반복, 2 〈 4이므로 그대로 둡니다.

[2 **4 1** 3 5] ← 4 〉 1이므로 서로 위치를 바꿉니다.

[2 1 **4 3** 5] ← 4 〉 3이므로 서로 위치를 바꿉니다.

[2 1 3 **4 5**] ← 4 〈 5이므로 그대로 둡니다.

[**2 1** 3 4 5] ← 다시 앞에서부터 반복, 2 〉 1이므로 서로 위치를 바꿉니다.

[1 2 3 4 5] ← 더는 바꿀 것이 없으므로 정렬을 마칩니다(최종 결과).

◉ **예제 소스** e11-1-bsort.py

```
# 거품 정렬
# 입력: 리스트 a
# 출력: 없음(입력으로 주어진 a가 정렬됨)


def bubble_sort(a):
    n = len(a)
    while True:               # 정렬이 완료될 때까지 계속 수행
        changed = False   # 자료를 앞뒤로 바꾸었는지 여부
        # 자료를 훑어보면서 뒤집힌 자료가 있으면 바꾸고 바뀌었다고 표시
        for i in range(0, n - 1):
            if a[i] > a[i + 1]:    # 앞이 뒤보다 크면
                print(a)           # 정렬 과정 출력(참고용)
                a[i], a[i + 1] = a[i + 1], a[i]  # 두 자료의 위치를 맞바꿈
                changed = True    # 자료가 앞뒤로 바뀌었음을 기록
```

```
        # 자료를 한 번 훑어보는 동안 바뀐 적이 없다면 정렬이 완성된 것이므로 종료
        # 바뀐 적이 있으면 다시 앞에서부터 비교 반복
        if changed == False:
            return

d = [2, 4, 5, 1, 3]
bubble_sort(d)
print(d)
```

● 실행 결과

```
[2, 4, 5, 1, 3]
[2, 4, 1, 5, 3]
[2, 4, 1, 3, 5]
[2, 1, 4, 3, 5]
[2, 1, 3, 4, 5]
[1, 2, 3, 4, 5]
```

거품 정렬의 입력으로 이미 정렬된 리스트가 주어졌을 때는 리스트를 한 번 훑어
보는 동안 바꿀 자료가 없으므로 바로 정렬이 종료됩니다. 즉, 최선의 경우 계산
복잡도는 $O(n)$입니다.

단, 이미 정렬된 리스트가 아닌 일반적인 입력에 대한 거품 정렬의 계산 복잡도
는 $O(n^2)$입니다. 하지만 거품 정렬은 자료 위치를 서로 바꾸는 횟수가 선택 정
렬이나 삽입 정렬보다 더 많기 때문에 실제로 더 느리게 동작한다는 단점이 있
습니다.

■ 12-1 재귀 호출을 이용한 이분 탐색

● 예제 소스 e12-1-bsearch.py

```python
# 리스트에서 특정 숫자 위치 찾기(이분 탐색과 재귀 호출)
# 입력: 리스트 a, 찾는 값 x
# 출력: 특정 숫자를 찾으면 그 값의 위치, 찾지 못하면 -1

# 리스트 a의 어디부터(start) 어디까지(end)가 탐색 범위인지 지정하여
# 그 범위 안에서 x를 찾는 재귀 함수
def binary_search_sub(a, x, start, end):
    # 종료 조건: 남은 탐색 범위가 비었으면 종료
    if start > end:
        return -1

    mid = (start + end) // 2  # 탐색 범위의 중간 위치
    if x == a[mid]:      # 발견!
        return mid
    elif x > a[mid]:     # 찾는 값이 더 크면 중간을 기준으로 오른쪽 값을 대상으로 재귀 호출
        return binary_search_sub(a, x, mid + 1, end)
    else:                # 찾는 값이 더 작으면 중간을 기준으로 왼쪽 값을 대상으로 재귀 호출
        return binary_search_sub(a, x, start, mid - 1)

    return -1          # 찾지 못했을 때

# 리스트 전체(0 ~ len(a)-1)를 대상으로 재귀 호출 함수 호출
def binary_search(a, x):
    return binary_search_sub(a, x, 0, len(a) - 1)
```

```
d = [1, 4, 9, 16, 25, 36, 49, 64, 81]
print(binary_search(d, 36))
print(binary_search(d, 50))
```

◉ 실행 결과

```
5
-1
```

문제
13

회문 찾기 [큐와 스택]

■ **13-1 문자열 앞뒤를 서로 비교하여 회문인지 확인**

◉ 예제 소스 e13-1-palindrome.py

```
# 주어진 문장이 회문인지 확인(문자열의 앞뒤를 서로 비교)
# 입력: 문자열 s
# 출력: 회문이면 True, 아니면 False


def palindrome(s):
    i = 0            # 문자열의 앞에서 비교할 위치
    j = len(s) - 1   # 문자열의 뒤에서 비교할 위치
    while i < j:     # 중간까지만 검사하면 됨
        # i 위치에 있는 문자가 알파벳 문자가 아니면 뒤로 이동
        if s[i].isalpha() == False:
            i += 1
        # j 위치에 있는 문자가 알파벳 문자가 아니면 앞으로 이동
        elif s[j].isalpha() == False:
            j -= 1
```

```
        # i와 j 위치에 둘 다 알파벳 문자가 있으면 두 문자를 비교하고 다르면 회문이 아님
        elif s[i].lower() != s[j].lower():
            return False
        # i와 j 위치에 두 문자를 비교하고 같으면 다음 비교 대상으로 넘어감
        else:
            i += 1
            j -= 1

    return True

print(palindrome("Wow"))
print(palindrome("Madam, I'm Adam."))
print(palindrome("Madam, I am Adam."))
```

◐ 실행 결과

```
True
True
False
```

동명이인 찾기 ② [딕셔너리]

■ 14-1 딕셔너리로 학생 번호에 해당하는 학생 이름 찾기

◐ 예제 소스 e14-1-getname.py

```
# 학생 번호에 해당하는 학생 이름 찾기(dict 이용)
# 입력: 학생 명부 딕셔너리 s_info, 찾는 학생 번호 find_no
# 출력: 해당하는 학생 이름, 해당하는 학생 번호가 없으면 물음표 "?"
```

```
def get_name(s_info, find_no):
    if find_no in s_info:
        return s_info[find_no]
    else:
        return "?"    # 해당하는 번호가 없으면 물음표


sample_info = {
    39: "Justin",
    14: "John",
    67: "Mike",
    105: "Summer"
}

print(get_name(sample_info, 105))
print(get_name(sample_info, 777))
```

◉ 실행 결과

```
Summer
?
```

친구의 친구 찾기 [그래프]

■ 15-1 그래프 탐색

문제 15에서 배운 처리해야 할 꼭짓점을 큐에서 하나씩 꺼내 처리하고, 그 꼭짓점에 연결된 꼭짓점들을 다시 큐에 추가하면서 그래프를 탐색하는 방법을 알고리즘 용어로 '너비 우선 탐색(Breadth First Search)'이라고 합니다.

```python
# 그래프 탐색: 너비 우선 탐색
# 입력: 그래프 g, 탐색 시작점 start
# 출력: start에서 출발해 연결된 꼭짓점들을 출력


def bfs(g, start):
    qu = []              # 기억 장소 1: 앞으로 처리해야 할 꼭짓점을 큐에 저장
    done = set()         # 기억 장소 2: 이미 큐에 추가한 꼭짓점들을 집합에 기록(중복 방지)


    qu.append(start)  # 시작점을 큐에 넣고 시작
    done.add(start)   # 집합에도 추가


    while qu:                   # 큐에 처리할 꼭짓점이 남아 있으면
        p = qu.pop(0)           # 큐에서 처리 대상을 꺼내어
        print(p)                # 꼭짓점 이름을 출력하고
        for x in g[p]:          # 대상 꼭짓점에 연결된 꼭짓점들 중에
            if x not in done:   # 아직 큐에 추가된 적이 없는 꼭짓점들을
                qu.append(x)    # 큐에 추가하고
                done.add(x)     # 집합에도 추가


# 그래프 정보
g = {
    1: [2, 3],
    2: [1, 4, 5],
    3: [1],
    4: [2],
    5: [2]
}


bfs(g, 1)
```

```
1
2
3
4
5
```

■ 15-2 그래프 탐색 과정

이해를 돕기 위해 큐와 집합의 상태 변화를 함께 표시하였습니다. 종이에 그래프를 그린 다음 큐와 집합도 함께 적으면서 따라가 보세요.

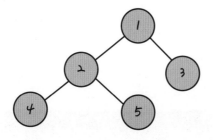

① 시작 꼭짓점을 qu와 done에 각각 추가하고 시작합니다. → qu = [1], done = {1}

② qu에서 1을 꺼내 출력합니다. → qu = [], done = {1}

③ 1에 연결된 2, 3을 qu와 done에 추가합니다. → qu = [2, 3], done = {1, 2, 3}

④ qu에서 2를 꺼내 출력합니다. → qu = [3], done = {1, 2, 3}

⑤ 2에 연결된 1, 4, 5 중에서 1은 이미 done에 있으므로 중복되지 않도록 제외하고 4, 5를 qu와 done에 추가합니다. → qu = [3, 4, 5], done = {1, 2, 3, 4, 5}

⑥ qu에서 3을 꺼내 출력합니다. → qu = [4, 5], done = {1, 2, 3, 4, 5}

⑦ 3에 연결된 1은 이미 done에 있으므로 추가하지 않습니다.

⑧ qu에서 4를 꺼내 출력합니다. → qu = [5], done = {1, 2, 3, 4, 5}

⑨ 4에 연결된 2는 이미 done에 있으므로 추가하지 않습니다.

⑩ qu에서 5를 꺼내 출력합니다. → qu = [], done = {1, 2, 3, 4, 5}

⑪ 5에 연결된 2는 이미 done에 있으므로 추가하지 않습니다.

⑫ qu가 비었으므로 종료합니다.

⑬ 이 과정으로 출력된 꼭짓점 순서는 1→2→3→4→5입니다.

파이썬 설치와 사용법

ALGORITHMS FOR EVERYONE

가장 널리 사용되는 컴퓨터 운영 체제인 윈도 10에 파이썬 3을 설치하는 방법을 설명합니다. 애플의 macOS나 그 외 다른 컴퓨터 운영 체제를 사용하는 경우에도 http://www.python.org/downloads/에서 파이썬 3을 내려받아 설치할 수 있습니다.

파이썬 설치하기

❶ 인터넷 브라우저를 열고 주소 창에 http://python.org/download를 입력합니다. 파이썬 내려받기 페이지가 열리면 화면 가운데에 있는 Download Python 3.6.0 버튼을 누릅니다.

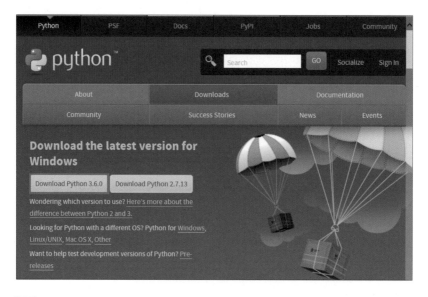

그림 B-1
파이썬 내려받기 페이지

> **TIP**
> 파이썬은 현재 파이썬 3과 파이썬 2가 모두 사용되고 있는데, 이 책에서는 최신 버전인 파이썬 3을 사용하였습니다. 따라서 Download Python 3.x.x와 같이 버전 숫자가 3으로 시작하는 파이썬 3을 설치하면 됩니다.

② 페이지 아래에 프로그램의 안정성에 대한 경고와 실행 여부를 묻는 창이 뜨면 실행 버튼을 누릅니다.

그림 B-2

프로그램 안정성 확인 및 실행 창

③ 내려받기를 마치면 파이썬 설치 마법사가 실행됩니다. Install Now를 눌러 설치를 시작합니다.

그림 B-3

파이썬 설치 마법사

④ 사용자 계정 컨트롤 창에 보안 경고가 뜨면 예 버튼을 누릅니다.

그림 B-4

보안 경고 창

⑤ 프로그램이 모두 설치되면 설치 마법사 창에 Setup was successful이 나타납니다. Close 버튼을 눌러 마법사 창을 닫습니다.

그림 B-5
파이썬 설치 성공

⑥ 앞으로 주로 사용할 프로그램인 IDLE을 실행해 보겠습니다. IDLE 프로그램은 흔히 '아이들'이라고 부르는데, 정확한 이름은 IDLE (Python- 3.6 GUI - 32-bit)입니다. 윈도 10의 왼쪽 아래에 있는 'Windows 검색' 부분에 idle을 입력합니다. 검색 결과에 IDLE (Python 3.6 32-bit)가 표시되면 클릭하거나 Enter 를 눌러 IDLE 프로그램을 실행합니다.

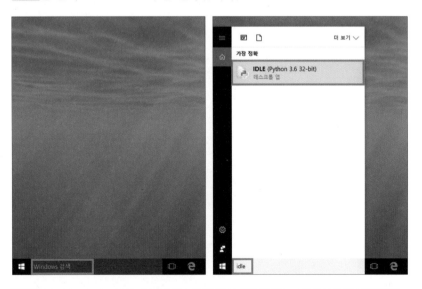

그림 B-6
IDLE을 검색해서 실행

TIP 컴퓨터에 설치된 파이썬 버전과 시스템 환경에 따라 IDLE 프로그램의 실행 방법과 이름이 조금 다를 수 있습니다.

⑦ IDLE 프로그램이 화면에 나타납니다.

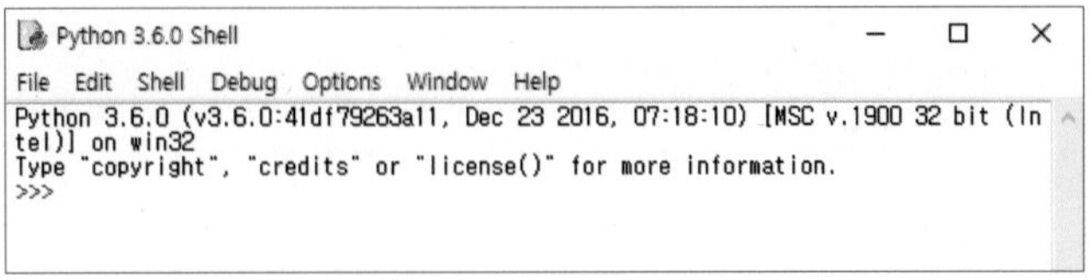

그림 B-7
IDLE 프로그램

⑧ IDLE 프로그램을 실행하면 Python 3.6.0 Shell 창이 뜨면서 다음과 같은 메시지가 보입니다.

```
Python 3.6.0 (v3.6.0:41df79263a11, Dec 23 2016, 07:18:10)
[MSC v.1900 32 bit (Intel)] on win32
Type "copyright", "credits" or "license()" for more information.
>>>
```

여기서 >>> 기호는 파이썬이 사용자의 입력을 기다리고 있다는 뜻입니다. 사용자가 입력을 하면 바로 결과를 보여 주는데 이것을 대화형 셸(Interactive shell) 혹은 셸(shell)이라고 부릅니다. 대화형 셸을 이용하면 파이썬과 대화하듯이 명령을 내리고 그 결과를 바로 볼 수 있습니다.

⑨ 설치한 파이썬 프로그램이 제대로 동작하는지 확인을 위해 인사말을 출력해 보겠습니다. >>> 기호 뒤에 print("Hello?")를 입력하고 Enter 를 누릅니다.

```
>>> print("Hello?")
```

> TIP
> 파이썬은 영어의 대문자와 소문자를 구분합니다. 따라서 프로그램을 입력할 때는 같은 알파벳이라도 대문자인지 소문자인지 꼭 확인하고 입력합니다.

⑩ Hello?가 화면에 표시됩니다.

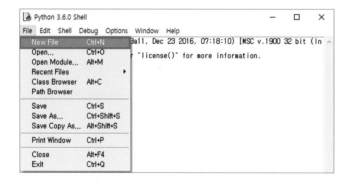

그림 B-8
Hello?가 화면에 표시

2 파이썬 프로그램을 만들어 저장하기

파이썬의 대화형 셸은 >>> 기호 뒤에 명령을 한 줄씩 입력하면 결과를 바로 볼 수 있어 간단한 테스트를 할 때 편리합니다. 하지만 입력한 프로그램을 저장하고 다시 실행하기는 어렵습니다. 또한 에러를 수정하기도 번거로워 제대로 된 프로그램을 작성하기에는 적합하지 않습니다.

이번에는 별도의 입력 창에 코드를 입력해서 '파이썬 파일'로 저장한 후 실행해 보겠습니다. 파이썬 파일은 hello.py와 같이 .py로 끝납니다.

❶ IDLE을 실행하고 메뉴에서 File → New File을 선택합니다(File → New File 대신 Ctrl + N 을 눌러도 새 파일 창이 열립니다).

그림 B-9
File → New File을
선택

❷ 새 파일 창이 열리면 위에서 테스트한 인사말을 출력하는 프로그램을 입력합니다.

```
print("Hello?")
```

그림 B-10
코드 입력

③ Run → Run Module을 선택하거나 F5 를 누릅니다.

그림 B-11
Run→ Run Module을
선택

④ 파일을 저장할 것인지 묻는 창이 뜨면 확인 버튼을 누릅니다.

그림 B-12
확인 버튼을 선택

⑤ 저장 위치를 바탕 화면으로 선택합니다. 창 안쪽을 마우스 오른쪽 버튼으로 누르고 '새 폴더'를 선택합니다. 새 폴더가 만들어지면 폴더 이름을 myPy로 입력합니다. myPy 폴더를 선택한 상태에서 열기 버튼을 누릅니다.

그림 B-13
myPy 폴더를 만들고
선택

⑥ myPy 폴더가 열리면 파일 이름을 hello로 입력하고 저장 버튼을 누릅니다.
myPy 폴더 안에 hello.py로 입력한 프로그램이 저장됩니다.

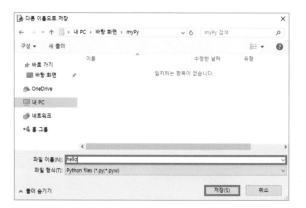

그림 B-14

hello를 입력하고
저장 버튼 선택

⑦ 프로그램이 실행되고 IDLE 대화형 셸에 실행 결과가 출력됩니다.

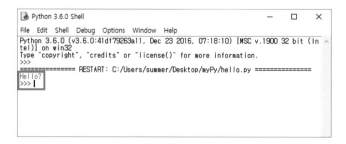

그림 B-15

대화형 셸에 Hello?가
출력

⑧ 저장한 파일을 나중에 다시 불러들이려면 메뉴에서 File → Open…을 선택하
거나 Ctrl + O 를 누릅니다.

파이썬 기초 문법

ALGORITHMS FOR EVERYONE

부록 C에서는 책에 수록된 알고리즘을 공부하는 데 필요한 최소한의 파이썬 지식을 간략히 정리하였습니다. 프로그래밍 초보자를 위한 파이썬 입문서를 찾는다면 《모두의 파이썬(길벗, 2016)》이 도움이 될 것입니다. 혹은 서점에서 살펴보고 자신에게 맞는 파이썬 입문서를 참조해도 괜찮습니다.

주석

파이썬에서 샵(#) 기호는 주석을 의미합니다. 파이썬은 프로그램에서 샵 기호를 만나면 그 줄 이후에 있는 내용을 해석하지 않고 무시합니다(줄이 바뀌면 다시 해석을 시작합니다).

주석은 프로그램을 이해하는 데 도움이 되는 내용을 적어 두거나 이 프로그램을 보게 될 다른 프로그래머에게 전달할 내용을 적는 데 사용되는 메모와 같은 기능을 합니다.

따라서 소스 프로그램을 입력할 때 샵 기호 이후의 내용은 굳이 입력하지 않아도 실행 결과는 영향을 받지 않습니다.

대화형 셸에 다음과 같이 입력해 보세요.

```
>>> print("hello")       # 샵 기호 뒤로는 어떤 내용이 와도 무관합니다.
hello
```

2 연산

파이썬으로 여러 가지 계산을 하려면 파이썬이 제공하는 연산자에 익숙해져야 합니다. 파이썬에서 많이 사용되는 기본적인 연산 기호는 표 C-1과 같습니다.

표 C-1
파이썬의 기본 연산자

연산자	뜻	예시	결과
+	더하기	7+4	11
−	빼기	7-4	3
*	곱하기	7*4	28
/	나누기	7/4	1.75
**	제곱(같은 수를 여러 번 곱함)	2**3	8(2를 세 번 곱함=2*2*2)
//	정수로 나누었을 때의 몫	7//4	1(나눗셈의 몫)
%	정수로 나누었을 때의 나머지	7%4	3(나눗셈의 나머지)
( )	다른 계산보다 괄호 안을 먼저 계산	2*(3+4)	14

표 C-1을 보면 나눗셈과 관련한 연산자가 세 개 등장합니다. 나누기 연산자 두 개와 나머지 연산자 한 개입니다. 다음 실행 결과를 보면서 차이점을 기억해 둡시다.

```
>>> 5 / 2      # 5 나누기 2: 일반적인 나누기(소수점까지 나누기로 계산)
2.5
>>> 5 // 2     # 5 나누기 2: 정수 나누기(나누어떨어지지 않을 때는 몫만 표시)
2
>>> 5 % 2      # 5 나머지 연산 2: 5를 2로 나눈 나머지
1
```

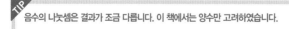
TIP
음수의 나눗셈은 결과가 조금 다릅니다. 이 책에서는 양수만 고려하였습니다.

파이썬에서는 괄호를 여러 번 겹쳐 사용해야 할 때 중괄호와 대괄호를 사용하지 않고 소괄호를 반복해서 사용합니다. 예를 들어 학교에서 배운 수학식 $5+[4 \times \{3+(1+2)\}]$를 파이썬 문법으로 작성하려면 어떻게 해야 할까요?

```
>>> 5+(4*(3+(1+2)))
29
```

③ **변수**

변수란 '변할 수 있는 수'라는 뜻입니다. 변수는 프로그램을 만드는 데 필요한 숫자나 문자열을 저장했다가 필요할 때 꺼내서 계산에 활용할 수 있는 정보의 기억 장소 역할을 합니다.

변수를 사용하려면 변수 이름을 정한 다음 등호(=)를 이용하여 값을 저장합니다. 계산을 하다 그 변수에 저장한 값이 필요할 때는 숫자 대신 변수 이름을 적어서 사용합니다.

다음 예를 직접 입력해 보면 변수의 사용 방법을 이해하는 데 도움이 될 것입니다.

```
>>> a = 3              # 변수 a에 3을 저장합니다.
>>> a                  # a 값을 확인합니다.
3
>>> b = 1.1 + 2        # 변수 b에 1.1 + 2의 결과인 3.1을 저장합니다.
>>> b                  # b 값을 확인합니다.
3.1
>>> c = a + b          # a와 b를 더한 값을 변수 c에 저장합니다.
>>> c                  # c 값을 확인합니다.
6.1
>>> d = 2              # 변수 d에 2를 저장합니다.
>>> d = d + 1          # d에 1을 더한 값을 다시 d에 저장합니다.
>>> d                  # d 값을 확인하면 3입니다.
3
```

d 값을 1 증가시키는데 사용한 d = d + 1 문장은 d += 1이라고 표현해도 됩니다. 마찬가지로 a *= 2는 a = a * 2와 같은 뜻입니다.

잠깐만요

파이썬의 변수 이름

파이썬의 변수 이름은 다음과 같은 규칙을 따라야 합니다.

- 변수 이름은 영문 대/소문자, 숫자, 밑줄(_)로만 만들 수 있습니다. 변수 이름에는 공백을 사용할 수 없습니다.
- 변수 이름은 숫자로 시작할 수 없습니다. 영문이나 밑줄로 시작해야 합니다.
- 영문 대/소문자를 구분합니다. 즉, A와 a는 다른 변수입니다.
- 파이썬이 기본적으로 사용하는 단어는 변수 이름으로 사용할 수 없습니다.
  예) False, None, True, and, as, assert, break, class, continue, def, del, elif, else, except, finally, for, from, global, if, import, in, is, lambda, nonlocal, not, or, pass, raise, return, try, while, with, yield

4 출력

파이썬에서는 화면에 글자를 출력할 때 print() 함수를 사용합니다. print() 함수의 기능은 매우 다양하지만, 이 책에서는 다음 예제 정도만 이해해도 충분합니다.

```
>>> print("hello")      # print() 함수에 문자열을 전달하면 그 문자열이 출력됨
hello
>>> a = 3               # 변수 a에 3을 저장
>>> print(a)            # 변수 a의 내용을 출력
3
>>> print("a is", a)    # 여러 개의 정보를 연속으로 출력하려면 쉼표(,)로 연결
a is 3
```

TIP 문자열을 표현할 때는 큰따옴표("")혹은 작은따옴표('')를 사용합니다.

판단

5

파이썬에서 어떤 판단 결과가 맞을 때, 즉 참일 때는 True를 사용합니다. 판단 결과가 틀릴 때는 거짓을 의미하는 False를 사용합니다. 이처럼 판단을 할 때는 표 C-2와 같은 비교 연산자를 사용합니다.

표 C-2
파이썬의 비교 연산자

연산자	뜻	결과
==	양쪽이 같다(같으면 True, 다르면 False).	3 == 3 → True 1 == 7 → False
!=	양쪽이 다르다(다르면 True, 같으면 False).	3 != 3 → False 1 != 7 → True
〈	왼쪽이 오른쪽보다 작다.	3 〈 7 → True 3 〈 3 → False
〉	왼쪽이 오른쪽보다 크다.	7 〉 3 → True 7 〉 7 → False
〈=	왼쪽이 오른쪽보다 작거나 같다.	3 〈= 7 → True 3 〈= 3 → True
〉=	왼쪽이 오른쪽보다 크거나 같다.	7 〉= 3 → True 7 〉= 7 → True

비교 연산자를 사용해서 판단문을 만들 때는 if 혹은 if/else가 사용됩니다. 다음은 if와 else의 일반적인 사용 방법입니다.

```
if 비교할 문장:
    True일 때 실행할 문장(들여쓰기)
```

```
if 비교할 문장:
    True일 때 실행할 문장(들여쓰기)
else:
    False일 때 실행할 문장(들여쓰기)
```

판단 결과에 따라 다르게 실행해야 할 내용이 한 줄뿐이라면 if 혹은 else 맨 뒤에 붙는 콜론(:) 뒤에 띄어쓰기를 하고 적을 수도 있습니다. 하지만 보통은 명령을 여러 개 실행해야 하므로 '블록'으로 적습니다.

블록(block)이란 프로그램 문장을 여러 개 묶어 하나의 단위로 만든 것입니다. 블록을 구분하려면 들여쓰기(띄어쓰기 네 칸)를 이용합니다.* 블록 안에 다른 블록을 겹쳐서 만들 때는 새 블록이 나올 때마다 들여쓰기를 다시 해 주면 됩니다(블록이 중첩될 때마다 띄어쓰기를 네 칸, 여덟 칸, 열두 칸과 같이 늘립니다).

IDLE 프로그램에서 새 창을 만들고 다음 예제를 입력해 보세요.

```python
a = 10
if a % 2 == 0:
    print(a)
    print("짝수")
print("종료")
```

이 프로그램을 실행하면 다음과 같은 결과가 출력됩니다.

```
10
짝수
종료
```

이 예제 프로그램에서 if 문장 다음 두 줄은 들여쓰기가 된 하나의 블록입니다. if의 비교 결과가 True이므로 블록 안의 두 문장이 실행되어 10과 짝수가 출력된 것입니다.

---

* C나 자바 같은 언어와 달리 파이썬에서는 들여쓰기를 정확히 지키지 않으면 오류가 발생합니다.

그 다음 줄에 있는 print("종료") 문장은 들여쓰기가 되지 않았으므로 블록에 해당되지 않습니다. 따라서 if의 판단 결과와 상관없이 항상 실행됩니다.

elif는 else if를 줄인 말입니다. 앞의 if문이 False일 때 elif로 넘어와 다른 비교를 하며, True이면 elif 블록을 실행하고 False이면 else 문장으로 넘어갑니다.

```
if "비교 1":
    # 비교 1이 True일 때 실행할 문장들
elif "비교 2":    # 비교 1이 False면 비교 2를 수행
    # 비교 2가 True일 때 실행할 문장들
else:
    # 비교 2가 False일 때 실행할 문장들
```

6 반복

파이썬에서는 for 명령과 while 명령을 이용해서 반복을 실행합니다. for와 while은 둘 다 반복을 수행하는 명령이지만, 둘 중에는 for가 더 자주 사용됩니다. for 문장의 사용 예는 다음과 같습니다.

```
>>> for x in range(5): print(x)    # x 값을 0부터 4까지(5 제외) 변화시키며 다섯 번 반복
...
0
1
2
3
4
>>> for x in range(1, 11): print(x)    # 1 이상 11 미만(11 제외)으로 변화시키며 열 번 반복
...
1
2
```

```
3
4
5
6
7
8
9
10
>>> a = [2, 4, 6]          # 2, 4, 6 세 개 값을 보관한 리스트를 만들어 변수 a로 사용
>>> for x in a: print(x)   # 리스트 a 안에 들어 있는 값들을 차례로 반복
...
2
4
6
```

이 예제에서는 반복할 부분이 print(x) 문장 하나이므로 블록을 사용하지 않고 콜론(:) 뒤에 띄어쓰기를 한 후 바로 print(x)를 적었습니다.

```
>>> for x in range(5): print(x)
```

하지만 보통은 앞에서 살펴본 판단문처럼 '들여쓰기를 이용한 블록'으로 명령문을 적습니다.

```
for x in range(5):
    print("반복")
    print(x)
```

while 문장은 다음 판단 문장이 True인 동안 계속하여 반복하는 기능입니다. while 다음에 나오는 판단 문장이 False면 반복이 중단됩니다. break 명령을 이용하면 while 문장이 실행되는 중에 강제로 반복을 중단할 수 있습니다.

다음 두 예제는 1부터 10까지의 숫자를 차례로 출력하는 프로그램입니다.

```
i = 1
while i <= 10:
    print(i)
    i += 1
```

```
i = 1
while True:
    print(i)
    if i == 10: break
    i += 1
```

 7 함수

프로그램을 만들 때 자주 사용되는 기능을 함수로 만들어 두면 필요할 때마다 쉽게 불러 쓸 수 있습니다. 함수를 불러와서 사용할 때는 필요한 입력을 인자로 전달하고 함수의 실행 결과(출력)를 return 명령으로 돌려줄 수 있습니다. 함수는 알고리즘을 구현할 때 꼭 필요한 기능입니다.

다음 예제를 보면서 함수를 만드는 방법(정의)과 불러오는 방법(호출)을 익혀봅시다.

```
def hello():    # hello() 함수를 정의
    print("hello")


hello()        # hello() 함수를 호출
hello()        # hello() 함수를 한 번 더 호출
```

함수를 정의하려면 def 명령을 사용하여 함수 이름과 함수 인자를 적습니다. 그
런 다음 함수에서 실행할 내용을 들여쓰기하여 블록으로 만듭니다.

이 예제에서는 hello()라는 함수를 만들고, 두 번 호출했으므로 hello가 두 번 출
력됩니다.

함수에서 입력에 해당하는 인자를 사용하려면 def 함수 이름(): 문장에서 필요
한 인자 이름을 괄호 안에 적어 줍니다. 함수의 결괏값이 있다면 return 명령을
이용해서 함수를 호출한 쪽에 돌려줄 수 있습니다. 다음 예제를 확인해 봅시다.

```
def square(a):      # a의 제곱(a*a)을 구하는 함수
    return a * a


b = square(4)       # 4의 제곱을 구하는 함수를 호출하고 결괏값 16을 b에 저장
print(b)            # b 값 16을 출력
```

square() 함수는 인자로 a를 넘겨받아 그 값을 제곱해 return 명령으로 돌려주
는 함수입니다. 이 예제에서는 4라는 값을 이용해 square(a) 함수를 호출하였으
므로 그 결과인 16이 반환됩니다.

재귀 호출을 이용한 그림 그리기

ALGORITHMS FOR EVERYONE

여기서는 재귀 호출을 이용해서 독특한 그림을 그리는 프로그램을 살펴보겠습니다. 연습 문제 6-1의 해답이기도 한 이 내용은 약간 어렵게 느껴질 수도 있습니다. 하지만 재귀 호출이 컴퓨터 그래픽에서 유용하게 사용된다는 사실을 잘 보여주는 예제이며, 짧은 프로그램으로도 흥미로운 결과를 얻을 수 있다는 것을 알 수 있게 하는 내용이므로 부록 D에 따로 추가하였습니다.

잠깐만요

거북이 그래픽
부록 D의 프로그램은 파이썬의 '거북이 그래픽' 기능을 이용해서 그림을 그리는 프로그램입니다. 거북이 그래픽은 화면 위에 펜 역할을 하는 거북이를 올린 후, 그 거북이가 움직이도록 명령을 내려 그림을 그리도록 하는 독특한 방식의 그래픽 시스템입니다. 거북이 그래픽과 관련된 자세한 기능은 파이썬 공식 문서나 인터넷에 공개된 여러 자료를 참고하기 바랍니다.

• 파이썬 공식 문서: https://docs.python.org/3/library/turtle.html 영어

재귀 호출을 이용하여 알고리즘 문제를 풀 때, 재귀 함수는 조금 더 작은 입력 값으로 자신을 다시 호출하는 것을 반복하다가 입력이 일정 크기 이하로 작아지면 (종료 조건이 되면) 반복 호출을 멈춘다고 배웠습니다.

재귀 호출을 이용해 그림을 그릴 때도 이와 같은 구조를 사용합니다. 어떤 그림 안에 자기 자신과 똑같이 닮았지만, 크기가 조금 더 작은 그림을 반복하여 그립니다(자기 복제 과정).

이 과정을 반복하다가 그려야 할 그림의 크기가 어느 정도로 작아지면 재귀 호출을 멈춥니다(종료 조건).

지금부터 자기 복제 과정과 종료 조건을 염두에 두고 다음 프로그램들을 살펴봅시다. 복잡한 재귀 호출 과정이 완전히 이해되지 않더라도, 재귀 호출이 그리는 신기한 그림을 감상하면서 즐겨 보세요.

사각 나선을 그리는 프로그램

프로그램 D-1

◉ **예제 소스** e06-1-spiral.py

```python
# 재귀 호출을 이용한 사각 나선 그리기
import turtle as t

def spiral(sp_len):
    if sp_len <= 5:
        return
    t.forward(sp_len)
    t.right(90)
    spiral(sp_len - 5)

t.speed(0)
spiral(200)
t.hideturtle()
t.done()
```

시에르핀스키의 삼각형을 그리는 프로그램

프로그램 D-2

⬤ 예제 소스 e06-2-triangle.py

```python
# 재귀 호출을 이용한 시에르핀스키(sierpinski)의 삼각형 그리기
import turtle as t

def tri(tri_len):
    if tri_len <= 10:
        for i in range(0, 3):
            t.forward(tri_len)
            t.left(120)
        return
    new_len = tri_len / 2
    tri(new_len)
    t.forward(new_len)
    tri(new_len)
```

```
        t.backward(new_len)
        t.left(60)
        t.forward(new_len)
        t.right(60)
        tri(new_len)
        t.left(60)
        t.backward(new_len)
        t.right(60)

t.speed(0)
tri(160)
t.hideturtle()
t.done()
```

실행
결과

그림 D-2
시에르핀스키의 삼각형

TIP 시에르핀스키의 삼각형에 관해서는 다음 링크를 참조하세요.

• https://ko.wikipedia.org/wiki/시에르핀스키_삼각형

● **예제 소스** e06-3-tree.py

```python
# 재귀 호출을 이용한 나무 모형 그리기
import turtle as t

def tree(br_len):
    if br_len <= 5:
        return
    new_len = br_len * 0.7
    t.forward(br_len)
    t.right(20)
    tree(new_len)
    t.left(40)
    tree(new_len)
    t.right(20)
    t.backward(br_len)

t.speed(0)
t.left(90)
tree(70)
t.hideturtle()
t.done()
```

그림 D-3
나무

눈꽃을 그리는 프로그램

프로그램 D-4

● 예제 소스 e06-4-snow.py

```python
# 재귀 호출을 이용한 눈꽃 그리기
import turtle as t

def snow_line(snow_len):
    if snow_len <= 10:
        t.forward(snow_len)
        return
    new_len = snow_len / 3
    snow_line(new_len)
    t.left(60)
    snow_line(new_len)
    t.right(120)
    snow_line(new_len)
```

```
        t.left(60)
        snow_line(new_len)

t.speed(0)
snow_line(150)
t.right(120)
snow_line(150)
t.right(120)
snow_line(150)
t.hideturtle()
t.done()
```

그림 D-4
눈꽃

찾아보기